私たちが食べる動物の命と心

バーバラ・J・キング 著
須部宗生 翻訳

緑書房

チャーリーとサラへ　どんなときでも

「肉も挑戦し、反乱を試み、戦い、泣き叫んでいるんだ」とソフィアには思えた。頭部のそばにひざまずき、彼女は見事なまでに柔らかいほほの毛並みを手で何度もなでたが、やがてその体は冷たくなっていった。彼女は愛したがゆえのむごい代償を支払うのだった。

――マリア・ドリア・ラッセル『神の子どもたち（スズメの続編）』
（*Children of God* [*sequel to The Sparrow*]）

私たちが食べる動物の命と心【目次】

序

空腹を行動で示す動物は、空腹を感じているはずだと私たちは信じ、
決して疑うことはない。
そうであるならば、楽しそうな一頭のゾウが、楽しいはずであることを
疑う理由がどこにあろう。

——カール・サフィーナ『言葉を越えて—動物は何を思い何を感じるのか』
(*Beyond Words: What Animals Think and Feel*)

直火で焼かれた肉（スワヒリ語でニャマチョマ）が次々と運ばれ、私たちのテーブルで切り分けられた。ブタやニワトリの肉は結構見慣れたものだが、ウサギやシカの肉はそうでもない。労役用の雄ウシやシマウマはどうかと言えば、私たちの目には異国的なものである。

それは肌寒い一九八六年のナイロビの夜、母のエリザベス、私の名前の元となった叔母のバーバラ、大

学での親友の一人のジムと、私は思い切って「カーニボー・レストラン」（肉食者のためのレストラン）に行くことにした。到着すると少人数の私たちはすぐに野外のパティオに案内された。最初、私は外気が寒すぎないか心配だったのだが、開放的な空の下、屋外で食事をすることはなんと素晴らしく魅力的なものであったことか。レストランのスタッフは私たちの体が冷えないようにテーブルわきに火鉢も用意してくれていた。

「入れ替わり立ち替わり、ウェイターたちが巨大な串に刺した肉を運んできた」と、母が自らの旅行記としてその夜書いた小さなノートは、今では亡き彼女の他の形見とともに私の大切な宝物になっている。「彼らは全部で十種類にも及ぶ巨大な肉からコマ切れや塊を切り出した」。私たちは確かにレイヨウさえも食べた。かつてカーニボー・ナイロビではクードゥーも出されたことがあり、それは南アフリカのカーニボー・ヨハネスブルグでは今でもメニューに載っている。ケニア政府が猟獣肉の提供を禁止したにもかかわらず、ダチョウやワニは今でもカーニボー・ナイロビのディナー客のテーブルに運ばれてくる。

一九八六年当時、私はケニアの首都から南へ車で数時間のタンザニアとの国境線に近いアンボセリ国立公園内に住んでいた。ヌーやシマウマ、そしてときにはゾウさえもよく来ていた我が家の裏庭からは、キリマンジャロ火山の頂上の壮大かつ美しい姿がのぞめた。カーニボーでは、十四か月間にわたるサル観察の仕事のさなかの短い休日を楽しんでいたのだ。私のプロジェクトは、ヒヒの子どもがその家族や群れの仲間とともにサバンナをさまよいながら、食べられる果実、草、イモ類の塊茎をどのように学んでいくかに焦点を当てたものだった。人類学を学ぶ大学院生にとって、アンボセリでのこの研究はまさに夢の実現そのものだった。アメリカ国立科学財団が私に提供してくれた研究資金の対象である霊長類動物だけでなく、公園内のゾウ、ライオン、アフリカスイギュウ、ダチョウ、イボイノシシ、ハゲコウなどにも私は夢中になって、可能な限り科学から離れた時間を見つけ出しては、ただ楽しむことが目的の動物観察をしたのだった。どの個体がどの個体と仲が良く、またライバルか、あるいは動物たちの鳴き方とボディランゲージがそれぞれ何を意味するのか、静かに座っては探り出すことは純粋な楽しみそのものだった。ごくまれにやってくる休日には、私は屋外に座り、アフリカの草原が教えてくれるものに浸りきっていた。

そんな私だったにもかかわらず、私に会うためニューヨークからパンナム航空の二十二時間のフライトを耐えてやって来てくれた愛する人々と、カーニボーでこうして屋外に座っていると、動物を観察していたときの感動や自分が動物とつながっているんだという気持ちが消えてしまっていた。目の前で私に見えていたものは動物などではなく、(さらに、においもしかりだが) 皿に盛られた肉そのものであり、それは家に帰れば楽しい語り草になるであろう、野生動物を試食するという一つの冒険の機会となっていたのだ。

意識することもなく、ましてよく考えることもなく、目に見えないトグルスイッチが私の脳内で突然入った。すなわち、熱心な動物観察者としてのバーバラが動物をむさぼり食べるバーバラになっていたのだ。この記憶を思い出すと今では不快な気分になるが、それは、アンボセリの野生下で動物たちが走っているところを見るのが特別大好きだった私が、まさに同じ種の動物を無我夢中で食べていたからだ。

もちろんカーニボーでの夜の経験は、私がそのような行動に及んだ最初でも最後でもなかった。私は何年にもわたり、納屋の前庭や海にいる動物たちを熱心に観察したり書物で読み漁ったりしたあとで、それと同じ動物をどれだけ食べてきただろうか。この奇妙な二重性は私たち人間にはよく現れるものだ。ワイオミング、モンタナ、アイダホの州境をまたぐように広がる、二百二十万エーカー (約九千平方キロメートル) のイエローストーン国立公園を回るときの私のお気に入りはバイソンの見学だ。夫と私は何時間もかけて、頑丈そうに盛り上がった肩を持つ雄が、むきだしの力で雌と接したり、雌をめぐってライバルの雄と対決する様子を観察する。雌は雌だけで子どもたちと群れを作るが、その子どもは野原で遊ぶために母親の元を離れて飛んでいってしまう。イエローストーンのラマー渓谷では一度、私たちが車のそばに立っていると、百頭以上ものバイソンの群れが私たちのすぐ近くに進んできた（人間が野生のバイソンに積極的に近づくのは危険で、鋭い角で空中に跳ね上げられ、ときには死に至ることもある。しかし生涯一度のこの経験において、バイソンは私たちのそばを静かに歩き去ってくれた）。通常、私たちが観察するのは、他の野生動物ファンたちの乗る車両によってできた、くねくねと続く轍に停めた車内からだ。そして公園のレストランでの夕食時ともなれば、私たちはその日見た一番素晴らしかった動物やその写真について楽しく語り合うことになるのだが、まさにそこのメニューには牧場のバイソンが載っているのだ。

また別の旅行で、私たちが南フロリダのエバーグレーズ国立公園をあとにして、さらに広大にエバーグレーズの生態系を貫くように続く道を車で進んでいたときのことだ。道路わきに小型船舶による見学ツアーを勧める客引き宣伝がちらっと私たちの目に飛び込んだ。それには、午前に美しいワニの見学、昼には「ワニのナゲット」をお楽しみください、と書いてあった。このような類が、私が呼ぶところの私たちの「奇妙な二重性」なのだが、これは他の動物でもよく起きることだ。水族館の見学客は、地球上で最も賢い無脊椎動物であるタコの触腕に感心し、そのあと、昼食に焼いた赤ちゃんのタコを注文する。親たちは、鶏肉や豚肉を夕食として出した数時間後の就寝時に、かわいいヒヨコや勇気あるブタが主人公として登場する物語を子どもたちに読み聞かせる。

心理学者のハル・ハーツォグは他の動物と私たちの関係を扱った著書に『ぼくらはそれでも肉を食う――人と動物の奇妙な関係』（*Some We Love, Some We Hate, Some We Eat*）との表題を付け、「他の種に対する人間の態度は必然的に逆説的かつ矛盾するものなのだ」との一文にこの関係をまとめている。私たちはイヌをかわいがりながらブタを食べたり、バイソンを愛してバイソンを食べるのである。私たちが大いなる葛藤を持って向き合っているこれらの動物とはいったいどんな存在なのだろう。人類学、心理学、動物学などの最新科学の助けを借りれば、私たちはこのような疑問に取り組むことができる。それらが、私たちが食べる動物すなわち一部の人たちにとってのタコやチンパンジー、またさらに多くに人たちにとってのニワトリやヤギが、明確な個々の存在としてどのように考え、感じ、行動するのかを明らかにしてくれるからだ。では、私たちは誰を食べているのだろうか。

本書は、頭がよくて感情を有する生き物であるという抽象的基準によって動物をランク付けしようとするものではない。またどの動物を食べて、どの動物を食べるべきでないかに関する手引き書でもない。そうではなく、私たちが誰を食べているのか、そして意識と意図をもって、彼らなりに多様な体験をしている動物たちと私たちとの関係をはっきり確認してみようという書なのだ。私たちのほとんどは、食料品店で小さく包装された製品として食べる動物に出会うが、そのような状況ではこれらの関係は容易にぼかされたものとなってしまう。マイケル・ポーランは『雑食動物のジレンマ』(*The Omnivore's Dilemma*)の中で「産業化された食物連鎖につきまとうものは、忘却もしくは、そもそも無知といったものだ」と書いている。しかし、いずれあとで私たちが確認するように、それは産業化された食物連鎖だけの問題ではない。彼らがいかなる道のりをたどって私たちの食卓に至ろうとも、ともかく自らが食する彼らをしっかり見つめることが私たちの正しいあり方なのだ。

論文であれブログであれ、私が動物について何かを書くと、それを読んだ人の中には、私には目論見があり、皆に菜食主義者(ベジタリアン)、さらにあわよくば完全菜食主義者(ビーガン)になってもらいたいのだと心の奥では考えているに違いないと言う人がいる。実はそれは間違った思い込みなのだが、その思い込みには慎重に解答する価値がある。

植物食を増やし動物食を減らそう、これは私たちの健康、私たちの住む惑星の健全さ、私たちの周りに生息するすべての動物たちの福祉を改善するためのカギとなる主要な一歩だとして、私たちが繰り返し耳にする勧告だ。国連は二〇一〇年の環境計画（UNEP）報告で、「環境への負荷を劇的に軽減するために」私たちの食事を動物性タンパク質食品から植物性食品に変えることを勧めている。UNEPにとって主要な関心事は、（化石燃料問題と並んで）家畜としての動物の飼育と加工であるのだが、その理由は、これらの動物は全世界の半分以上の穀物を消費し、けた外れの量の水を必要とするからだ。注目すべきこととして、UNEPが勧めているのは、たんに私たちの資源に対する負荷や農業の仕組みに対するその他のマイナス影響を軽減することだけでなく、私たちの一人ひとりが基盤となり行動を起こし、自らの食習慣の変革を受容することなのだ。

国連だけではない。アメリカでは食事ガイドライン諮問委員会の二〇一五年の報告書が、塩分、飽和脂肪、そしてアルコール分を含め特に砂糖の摂取を減らすことを提言し、さらに結論として健康的な菜食主義的食事を模範として強く勧めている。また内外の食の活動家もこれらを推進していくことに同調していて、おそらくそれを示すものとして最もよく知られているのはマイケル・ポーランのすっきりとまとめた言い回し、「ほぼ植物性食品だけを食べ、食べすぎをひかえなさい」であろう。

私はポーランの助言に従うことを目指している。本書で扱っている八つの生き物「昆虫、タコ、魚、ニワトリ、ヤギ、ウシ、ブタ、チンパンジー」のうち、私は一つの種、魚だけは食べる。より正確な言い方をすれば、私の複雑な健康履歴、つまり最近受けた徹底的な化学療法と放射線療法から回復するための懸命な努力に起因するところが大きいのだが、私は特定の種類の魚をときどき食べている。昆虫に関する章の調査を行うために、私は意図的にコオロギとバッタを試食し、またこれは意図的なものではないのだが、他の人々と同じように子どもの頃から、農業生産物にヒッチハイカーのように乗っかってしまう何十種もの昆虫を飲み込んできた（第1章参照）。私は今後さらに多くの昆虫食を試食するのだろうか。まだよく分からない。少なくとも私が記憶し、知りうる限りでは、タコ、ヤギ、チンパンジーを食べたことは一度もないし、西アフリカのガボンのあるレストランでサルの肉はどうかと言われた際には、それを食べず、代わりにニワトリを頼んだ。この「差し替え」（自分に似た霊長類動物は断わり、似ていない鳥はすんで食べた）をしたのは一九八四年のことで、私はここ五年以上、ニワトリ、ウシ、ブタは食べていない。

環境衛生から動物の主体的感覚性に至るまでの様々な理由で、私は肉食を減らすことが最終的かつ必要な目標だとみている。完全菜食主義や菜食主義、あるいは以前よりも多くの植物を食べて肉を減らすという道に至るまで様々な選択肢があるが、私たちの多くはその方向に向かうことだろう（「おわりに」でこの姿勢をより詳しく探る）。

私はここで「動物の主体的感覚性」という用語を使ったのだが、その意味は何だろう。また人間以外の動物について書き表す際の知性、感情、個性とは何を意味するのであろう。動物行動学者たちもこれらの用語を定義するにあたって、確かに一致した発言をしているわけではない。しかし私がここで強調すべきことは、この不一致こそが、科学が健全なかたちで実践されていることを示す、活気ある議論が行われていることの証しであり、根本的な混乱によるものなどではないことだ。それでもここで取るべき最善の策は、広く普及していて一般的に理解されている定義に則ることだろう。すぐれた定義が、カール・サフィーナによって、その著書『言葉を越えて―動物は何を思い何を感じるのか』の冒頭部分で提示されている。

主体的感覚性とは、快楽や苦痛のような感情を感じる能力である。
認知とは、知識や理解を知覚し取得する能力である。
思考とは、知覚されたものを考察する過程である。

この定義が暗示するように、そしてサイエンスライターのヴァージニア・モレルも『動物の賢さ―私たちの仲間の動物たちの思考と感情』(*Animal Wise: The Thoughts and Emotions of Our Fellow Creatures*)の中で強調しているとおり、思考とは言語に依存するものではない。さらにサフィーナは、私と交わした電子メールの中で次のように付け加えている。

感情とは、私たちが知覚したことに関する感じ方である。

サフィーナは、経験というものが持つこれらの側面を見出すには、動物界の計算尺にかけてみるとよいと強調している。私たちはタコの主体的感覚性がチンパンジーのものと同じであるとか、ブタの知性がウシのものとよく類似しているとか、人間以外のいかなる動物の知性も私たちのものと同じなどと考えてはならない。

個性もまたカギとなるもう一つの用語である。それは部屋に集まった人々に如才なく取り入って皆を虜にする一羽のニワトリの能力のことを特に指すものではないのだが、第4章で私たちが見届けることとなるように、そのニワトリは実際それをやってのけるのだ。しかし一般的に個性とは、一つの個体が外向性対内向性あるいは友好的対敵対的などの観点から、周りの世界をどのように感じ、考え、行動するかという一定の方向性を示すものである。

心理学者の中には、生態学的に動物に深く根ざしたかたちで存在する気質と、生活体験によって変化を受けやすいとみられる個性とを対照的にとらえる者もいる。しかし、疑問点の典型的パターンは、生活体験と遺伝的な要因が合わさって生じてくるのだろうとの理解に立てば、ときには例外はあっても、本書には個性という言葉が唯一ぴったりと合う。私が考察の中に個性を加えているのは、動物たちを、その性質と行動傾向において他の個体とは異なる個々の存在としてとらえることにより、彼らの賢明さや感じ方を知ることができるだけでなく、動物たちの生き方の複雑さに気づくことができるように自らを訓練できる一つの方法であるからだ。

明確な視点でものを見ることの必要性こそ、これから本書の中で私が打ち出したい中心的メッセージなのだ。私たちが食品と呼ぶ動物を「見る」ことには努力が要るが、それによって得られる結果も大きいはずだ。個々の存在を明かさないかたちで、数十億もの単位で、家庭の食卓や私たちの通うレストランに運び込まれているときにも、動物たちは感じ、ときに苦しみ、学び、ときに愛し、考え、ときに思い起こしている。彼らの命は彼らにはかけがえのない重要なものだ。したがって私たちにとっても彼らは重要なものであるべきである。

第1章　昆虫とクモ

私たちが食べる昆虫

野生捕獲されたトンボのフライ、バラ色の体毛を持つタランチュラが売りのスパイダーロール、炙り焼きのキリギリスを添えたチーズサンドイッチ、バッタが中に詰められたタコス……。今日では探しさえすれば、アメリカやヨーロッパでは様々な昆虫やクモを添えた料理を食べることができ、その多彩さはかなりのものだ。またそれらを見つけられる場所も多く、高級レストランから道路わきのフードトラック、科学博物館の昆虫祭りなどいろいろある。昆虫食は増加傾向であり、反響を呼んでいるのだ。

私には昼食にタランチュラの類を試食するほどの冒険心はなかった。しかし二〇一四年春のある日、私宛にテキサス州オースチンの返信用住所のついた小包が届き、それを開けた私は、昆虫食挑戦への小さな一歩を踏み出すときが来たことを悟った。私はコオロギを、あるいは少なくとも中にコオロギを入れて焼いたクッキーを食べることにしたのだ。

その頃私は、ジーニ・ジャーディンが言うように、コオロギが「最新のオタク的人気料理」であることはまだ知らなかった。しかし、メディアを通して、少数ではあるものの、科学者、シェフ、昆虫食をたたえる記事を書く人々など、熱心に昆虫食に関わる集団がいることに気づいていた。これらの熱狂的な人々の目指す対象には、生きたままのタコやブタの子宮をしきりに食べたがるようなゲテモノ食いをする人々だけではなく、より保守的な味の好みを持つ大人、虫を飲み込むなんてかっこいいと思う子どもなども含まれる。昆虫料理の信奉者の一人であり、オースチンを拠点に昆虫養殖を促進する非営利団体リトルハーズのロバート・ネイザン・アレンは、親切にも自身で焼いたお手製のクッキーを私に送ってくれたのだ。

私には、自分の最初の昆虫摂取のエピソードとして、そのコオロギを食べるのにはあまり大きな意味がないと分かっていた。というのも、昆虫摂取の事例は以前からずっと誰にも偶発的に起きていて、それは私たちの食料調達上の副産物だからだ。統計によれば、私たちは皆、昆虫食者なのである。というのは、アメリカ食品医薬品局（ＦＤＡ）はピーナッツバター百グラムには三十個ほどの昆虫のかけらが、また同量のチョコレートの場合には、その二倍の量の昆虫のかけらが入っていることは完全に許容範囲だとみなしている。ここ何十年かの間に、私がこれら二種類の食品をどれだけの量食べたかを考えると、リトルハーズのクッキーが私の所に届く以前にも、それらの昆虫が私の消化器官には大いになじみ深いものであったことは明らかだ。

また同様に、常に新鮮な野菜を食べている人なら誰しも、野菜と一緒に動物性タンパク質のミニセットを消化しているのだ。バージニアの高齢者施設の食堂で母と夕食をともにしていて、私がレタスを自分のサラダ皿に取った際、大きな芋虫が緑の葉の中で静かに横たわっているのを見て驚いたことがある。結局、その体が丸ごと完全な形であるのを確認して、この虫を少しも食べていないことにホッとしたのだが、私は事を荒立てることなく、食堂スタッフに新しいサラダと交換してもらうことにした。しかしこの試みに母が割って入ってきた。というのも、八十年間ずっと筋金入りの昆虫嫌いであった母がこの芋虫を見たのだから……。その直後に起きたことを表現するには「大騒動」という言葉に頼るしかない。

しかし意図的な昆虫摂取は、私にはまったく異質なものと感じられた。クッキー自体の見かけが、嫌なものだったり、私に吐き気を催させるようなものだったというわけではなく、何ら変哲もないクッキーに見えた。コオロギはと言えば、小さな、丸い、チョコレートチップ状にちりばめられた形で焼き込まれていた。素材は一つを除いてまったく驚くべきようなものではなく、片栗粉、玄米粉、タピオカ粉、ココナツ粉、砂糖、赤砂糖、バター、卵、バニラ、重曹、チョコレートチップ、塩、それに粉末状のコオロギだった。

クッキーの味は良好だった。もっとも今までに出会った最高のチョコレートクッキーに匹敵するとまでは言えない。というのは、私にとっての最高のチョコレートクッキーとは、ニュージャージーのコルツネックにあるデリシャス果樹園で焼かれたものだからだ。でもそこがある意味でまさに論点となるのだ。すなわち、このニュージャージークッキーは私にはおいしいものなのだが、それというのも、まさに私が育ったモンマス郡（ニュージャージー州の中央部東）の製品であり、さらに具体的には、新鮮な果物や野菜、パン、パイ、クッキーなどすべてを提供している、地元民のみならず観光客にも人気のマーケットのものだという理由もある。また、私は思い切って北西に二十八マイル（約四十五キロメートル）離れたダグラス大学に進学したのだが、ホームシックでなじみのものが恋しくなったときに両親が持ってきてくれたのがこのチョコレートクッキーだった。それから四十年ほどたったが、バージニアから故郷のニュージャージーに戻る際には、デリシャス果樹園を訪問するのが私の家族の一番大切な行事となっていて、今も完璧なほどおいしいクッキーが大切な記憶を呼び起こしてくれるのだ。

私たちがそれぞれ好む食べ物、そして嫌いだと思う食べ物は、たんにその風味ゆえというわけではなく、それこそが本書の中心的テーマなのである。私たちの多くが特にあらためて思いなおすこともなくブタやウシを食べるが、チンパンジーや昆虫を食べるという考えには尻込みする。

リトルハーズが、昆虫をなじみのあるクッキーの形でチョコレートチップに混ぜ込んで（つまりもともと同じ昆虫のかけらが入っているかもしれない！）提供することは、出荷販売上のすぐれた意味を成す。それは人間の消費用としてのコオロギを育てるために二〇一四年に初めてアメリカで創立されたオハイオ州ヤングズタウンのコオロギ養殖場の論理でもある。昆虫食の初心者としては、コオロギのクッキー、あるいはヤングズタウンで作られている場合のコオロギのチップは、ひと目で昆虫の身体部分だと分かる食品よりは、はるかに食べやすいだろう。ともかく私の場合はそうだった。実際そのクッキーを味わってみると、コオロギの粉末のものだと思われる顆粒状の食感や表現が難しい独特な風味があり、多少ナッツに似ていて、すべての文化上のレッテルを払しょくできるほどおいしいことを評価したい。

昆虫食という行為だけでなく、昆虫との日常的な出会いにさえ、人によっては叫び声をあげて、身震いするような反応を起こすものだが、私は今でもそれには共感してしまう。自分でも情けないのだが、長い脚を持ち、空中を舞う大き目の昆虫やクモのそばでは私も冷静ではいられない。刺されたり、噛まれたりするのが怖いというよりも、それはこれらの問題の小動物とは距離を保てと神経組織の奥深くで私に強要する本能的反応である。少し時間が経つと、「これは観察研究には興味深い生物だな」という科学的な概念が私にも浮かぶのだが、しかしそこに一種の認知の遅れが生じてしまい、身震いがまず最初にやってくるのだ（それでも家に入り込んでしまって出られなくなった最も恐ろしいクモを救出し、屋外へ出すことは何とかできるのだが、それをするにも深く息を呑まなくてはならない）。

この反応は進化上では意味を成すもので、私たちの祖先は、刺したり噛みついたりする動物たちに注意を怠らないものが長く生きられ、そして（これは最も重要なことだが）より多くの子孫を残せたのであり、今現在でも私たちにはその名残がある。しかし別の見方をすれば、それはとても不思議なことだ。自然から守られているはずの近代的な生活は、私たちにはほとんどが無害である昆虫であふれている。二〇一二年にノースカロライナのローリーおよびその近郊の五十人の家主たちが、昆虫学の研究のため、自らの家を調査するボランティアとして参加したところ、結果は驚くべきものだった。つまり合計一万匹の標本が集まり、一部は生きたまま一部は死んだ状態で採集された。種類数としては百を超える昆虫、クモ、ムカデ、ヤスデ、またダンゴムシなどの甲殻類がたった一軒の家の中だけで見つかった。ハエ、甲虫、アリ、チャタテムシ、ガ、シミ、カメムシ、ゴキブリ、オーストラリアヒメグモ、そしてもちろんチリダニは一般的に生息していた。コオロギはそんなにおらず、ナンキンムシはまったくいなかった。この作業を主導したノースカロライナ自然科学博物館のミッシェル・トラウトワインやノースカロライナ州立大学のロブ・ダン、マシュー・バートンなどの研究者たちが結論付けたことは、私たちの多くが事実上、昆虫贔屓の自然歴史博物館の中で生活しているということだ。私たちはいずれこの生活に慣れるべきではないだろうか。

世界中の数百万もの人々が、確かに昆虫を求め、常習的・意図的に消費している。彼らはベッドの裏側やほこりをかぶる屋根裏部屋から虫をむしり取ったりしているわけではもちろんないが、野生の新鮮なタンパク質やその他の栄養源を探したり、昔なじみの市場で調理された昆虫や昆虫の粉末を購入している。人類学の助けを少し借りれば、私たちの味覚に供される世界の昆虫の風味一覧が提示できるだろう。

世界の昆虫食

人類は千六百種を超える昆虫を食べている。「地球的な規模で見れば、昆虫食を嫌う欧米人の傾向の方が普通ではない」と、ナチュラリストのデイビッド・ラウベンハイマーや人類学者のジェシカ・M・ロスマンは語る。欧米人はハチミツを声高に求めるが、ミツバチが作り吐き出したものを消費していることを十分には認識していない。しかし、多くの国々の人々は意識的に多種の虫を食品として好んでいる。ラウベンハイマーとロスマンの昆虫食に関する文化横断的な報告には興味深いデータが満載で、それがこの章における昆虫食の様々な考察の基礎となっている。

人々が昆虫から摂取するタンパク質の割合は民族によって大きく異なり、アマゾン地方の一部では季節によっては二十六パーセントに、またコンゴ民主共和国の一部では六十四パーセントに達する。しかし、昆虫食をいわゆる低開発国に住む人々と単純に結びつけるのは誤りだろう。日本、タイなどの伝統食には今でも昆虫が入っている。タイは昆虫好きの人には素晴らしい所である。土地によって昆虫の好みに違いはあるが、タガメは国中で食べられている。コオロギも人気があり、膨大な数量が商業販売用として提供されている。ラウベンハイマーとロスマンの報告では、「生産量がピークになる時期には、二つの村の四百戸の家族が国内市場用と輸出用を合わせて十トンのコオロギを生産している」とのことだ。

コオロギはさておき、その判断はここでも文化に根ざしたものであると認めながらも、タガメを食べるという考えは、私にはさらに恐ろしいもののように思われてならない。昆虫食のウィキプロジェクトでは、ゆでて乾燥され、銀色の小袋に入れられて売られている「巨大な」水生昆虫をカメラの前で食べるバッグ・ノムスターと呼ばれる人物の動画が出てくる。彼は、丸ごとの状態の虫のお尻の先をまず噛んでから、中の身を食べやすくするため脚と羽を取ることにする。彼には「かすかなリンゴの味」がするらしい。しかし全体的にはその虫が乾燥しているため、殻ばかりで中身が少なすぎることから、生の水生昆虫をフライにしたものの方がいいだろうと結論付けている。そのあまり熱のこもらない感想もさることながら、その動画を見て私は、家で水生昆虫を食べるのと高級レストランでロブスターにかぶりつくのとでは、そんなに違いがあるものなのだろうかと考えた。多くの人はロブスターを珍味として珍重するが、水生昆虫はひどい食べ物だと拒絶する。しかしこれらの動物は両方とも（カニやエビそして昆虫も）殻、部分的に分かれた体、関節でつながった足を持つ節足動物なのだ（ここで全面的な自己開示をするが、私はロブスターは食べない。したがって、ここでちょっとした比較による論法を試みたものの、一貫性を貫くために私が水生昆虫を食べなければならない何らの必要性もない！）。

バッグ・ノムスターのタガメの殻についてのコメントが、ある重要な点を示している。それは、昆虫が主食として、あるいは食料事情が厳しい時代の代用食として、もしくは珍味として食べられるかどうかを含め、異文化間の違いは大きいものの、人々が最も好むのは、昆虫がその生涯で最大のサイズに達したものであり、さらに外骨格の割合が最も少ないものであるというのが一般法則であることだ（ここの水生昆虫は、調理用に準備されたものとして第一の点では合格だが、第二の点では不合格である）。これらの好みはしっかり理にかなっている。というのも、より多くのタンパク質を含む昆虫ほど、捕獲や加工のためのエネルギーをかけるに値する価値があるからだ。また、外骨格や殻の噛みごたえときたら、それは悲惨なほど固いものに違いない。この点は、私がコオロギの粉末入りクッキーで苦労しなかった要素であり、私の場合は外骨格は完全に細かく挽かれ、しっかり粉状になっていて、噛みごたえの要素はまるでなかった。

研究のためケニアの国立公園に滞在していたとき、私はヒヒだけでなく観光客の行動も観察していた。観光客のほとんどは、ライオン、ヒョウ、ゾウ、アフリカバッファロー、サイの「ビッグ5」を見るのが目当てだった。そこで私は昆虫食の世界にもビッグ5があることを知って喜んだものだ。すべての昆虫のうち五目、すなわち、コウチュウ目（甲虫）、ハチ目（アリ、スズメバチ、ミツバチ）、シロアリ目（シロアリ）、チョウ目（チョウ、ガ）、バッタ目（バッタ、コオロギ、イナゴ、キリギリス）で、これらは人間の食事にとてもよく登場する。これらの昆虫は（コウチュウ目以外は）多くの場合、大量に発生し、栄養素の含有量における種間の違いはかなりあるものの、どれもタンパク質、脂肪分、微量栄養素の豊富な供給源である。

伝統的な文化的慣習以外で人気を博しながらも、昆虫食はこれらの伝統的な様式を土台として拡大している。しかし、最近の興味の動向には斬新で新しい要素も生まれている。結局のところ、バッグ・ノムスターの場合は、ただたんに彼がタイで現地の料理を食べているというのではなく、おそらく多分に欧米的な見方をする視聴者たちのために実験的な昆虫食を披露しているのだ。彼のファンには、新しい食経験を追求し、それを実現するために懸命に活動するシェフやその顧客など、真剣な食の愛好家もいる。

アリの卵（エスカモーレ）を食べるのはその好例である。それらは多くの場合、ジャイアント・アント・エッグと呼ばれ、より正確には、アリの幼生（ツヤハダアリ）であると理解される。メキシコでは、アリの卵はアステカ時代に人気があったもので、今でもたいへん珍重されている。少し松の実に似ていて、しばしば風味がナッツのようだと評される（私が試食したコオロギ入りのクッキーのように、ほとんどの昆虫はナッツの風味がするのだろうか）。これらの幼生は、アメリカでは容易に購入できない。著述家のデイナ・グッドイヤーは、今はカリフォルニアで働いているフランス生まれのシェフ、ローレン・ケ

モントリオール昆虫館で提供されている、コオロギがトッピングされたデザート（写真提供：ウィリアム・アンド・メアリー大学 ノーマン・ファッシング）。

ニオに同行した際、メキシコからアリの卵を持ち込もうとした。グッドイヤーの著述によると、ケニオは「メキシコのティフアナから国境を越えてアリの卵を持ち出せる人物と知り合いだという男を知っている。アメリカ側の落ち合い場所まで車で行って、あとは彼らを送り返してやるだけだ」と語る。要するに、この珍味は密輸入されたものだったのだ。あるとき受け渡し場所に行くと、ケニオは百ドル札と半キログラムの冷凍幼生を交換した。今回の荷物は日本蕎麦もあしらわれた料理の一部にされたが、ときにはケニオは食材の中にアリの卵を入れたコーントルティーヤを調理することもできる。ケニオがこれらの料理を作る熱意は、素材の不法性にもあるとグッドイヤーははっきりと語る。さらに、LAウィークリーのケニオのプロフィールからも、彼の密輸はかなり日常的な行為であったことが明らかだ。

二〇一三年に国連食糧農業機関（FAO）から発表された昆虫食の将来展望に関する主要報告では、昆虫食を促進する際には、扇情主義を抑制する行為が価値ある目標であると述べられている。どんな料理の場合でも、扇情主義と純粋な興奮とは紙一重だと私も認めるし、バッグ・ノムスターは巨大な水生昆虫の先を食いちぎる自分の動画をオンラインにのせることで、紙一重の差を越えて扇情主義の部類になるのだろうか。密輸されたエスカモーレ（アリの卵）の不法性のスリルは、風味と同じくらいの迫力があるのだろうか。それは知るのが難しいとしても、誇大宣伝文句や大騒ぎをすることなくメニューに昆虫を加えるレストランを訪問するのはよいものだ。

ワシントンDCのペンクォーター地区にあるオヤメル・コッキーナ・メキシカーナは、まさしくそんなレストランだ。私と友人のスティーブン・ウッドは二〇一四年六月のある涼しい晩にそこに足を踏み入れ、メキシコのオアハカの色彩とにおいに浸っていた。オヤメルとは、オオカバマダラがアメリカやカナダからの渡りのときに羽を休める、中央メキシコに自生するモミの木の名前である。そこの調度品はチョウ目がテーマで、玄関のガラスのドアには透明の赤、黄、ピンク色のチョウがちりばめられていて、さらにチョウのモビール細工が天井から吊り下げられていた。

しかし、スティーブンと私の試食の目的はチョウではなかった。私たちの興味の焦点は、バッタが詰まったやわらかいタコスの「チャップリン」に絞られていた。私たちの注文を取ったウェイトレスは、私たちの運の良さを指摘した。バッタはときどきメキシコから税関を通過してやってくることが途絶えてしまうのだが、その夜は入荷があったのだ。スティーブンと私は多数の小さなタパスのような料理を注文し、チャップリンが届くと私はすぐ昆虫の身体部分を見た。私が口に運ぼうとタコスを上げたとき、壊れやすいバッタの脚がテーブルの上に転げ落ちた。

ここであのコオロギクッキーの国にはさようならである。とうとう噛みごたえの要素がやってきたのだ。スティーブンも私もバッタの味を表現するためにぴったりの語彙を呼び起こすことはできず、かすかな不満を覚えた。私の感覚に残ったのは、（ガリッという）音、（噛みくださなくてはならないたくさんの昆虫の）食感、焦げくさい味、ピリッとした辛味で、それらは昆虫そのものではなくグアカモーレのものだった。私は辛い食べ物が苦手なので、苦労してバッタのタコスの一部だけを食べ、そのあとでとてもおいしいメキシコのジャガイモに進んだ。

私はオヤメルで夕食をとりながら、昆虫食のファンからはあまり問われることのない疑問を抱いていた。彼らはこれらの食べ物で売れ筋の書籍や政府の報告書が書けるだろうか。または台所で食べられる芸術作品ができるだろうか。私たちがニワトリやブタに対してするように、「私たちが食べる動物」という視点で昆虫を見た場合はどうなるだろうか。私たちには昆虫の知性、個性、主体的感覚性に関して何が分かっているのだろう。

調理された食品として登場するアリ、バッタ、クモ、コオロギは、本書で私たちが考察するはずのその他の動物とはあまり似ていない。彼らはタコのように海底の道具を活用するわけではないし、家畜のように容易に（私たちに）理解できる喜びや悲しみなどの感情を表さない。しかし特別に賢く、感情が豊かで、高度な個性を持った、私たちに最も近い親戚であるチンパンジーも扱うこととなる本書に昆虫をも含めることで、思考性や感性を持つ動物の範囲の幅がより広がり、そのはるか端から端まで私たちは見ることになる。

では、リトル・ハーズのクッキーに焼き込まれたコオロギやオヤメルのタコスを飾るバッタに対し、伴侶動物の死と同じように嘆き、哀悼の意を表する人を実際に想像できるだろうか。または、パンダやゴリラのようなカリスマ性のある動物の死と比べ、どちらの死がメディアで大きな同情的反応をもって取り上げられるだろうか。私たちは出会った昆虫にわざわざ名前を付けたりはしないし、彼らを明確な個々の存在としてみることはない。また同様に、イヌ、アヒル、イルカなど様々な動物が表す感情を探求した『死を悼む動物たち』（*How Animals Grieve*）において私が記述した内容と似たかたちで、昆虫同士が哀悼の意を示すことが私たちに想像できるだろうか。

これらの疑問に対し真剣に取り組む第一歩は、これらの小さな動物たちをまず「見る」ことだ。ノースカロライナ州立大学の昆虫学者ヤスミン・カードゾーはホンジュラスで育った。子どもの頃、昆虫が彼女の最初のおもちゃで、想像上の遊びの中で彼女が行ったのは「集めたコフキコガネを重症の入院患者として扱ったこと」だった。私たちはこの幼い少女が、多くの脚や羽を持つ「患者」に関わっている姿をまざまざと心に思い描くことができる。これこそが、私たちの昆虫に対する関わり方の幅広さを際立たせている姿だろう。そして子どもが関わり、また少なくとも子どもが情熱をもって昆虫を観察しているのは「他国の」文化だけの出来事ではない。ニュージャージーの郊外で育ちながら、私はアリの飼育箱の中で繰り広げられる、慌てふためいているように見えるものの驚くほど組織だった活動を観察したり、庭のアリ塚を覗き込んでアカアリが出たり入ったりする流れをたどったり、また夏の夜に湿った大気の中を通信コードによるメッセージを点滅させながら舞うホタルを気ままに眺めたりしながら一時間ほど過ごすのが好きだった。しかし、これらの小さな動物たちのどれもが個々として存在していたという記憶は私にはなく、つまり彼らは一種の漠然とした集合体として存在していたのであり、彼らはペットの猫（クイーン）や犬（シャドー）、さらに家族で出かけたブロンクス動物園で出会ったゾウやサルたちのような存在ではなかった。

昆虫はチンパンジー（または私たち）のような霊長類ではないし、通常、私たちのペットとはならない。しかし、もし私たちが昆虫やクモに対して天賦の好奇心を駆使し、彼らがどのような思いで生きているのかと問い質せば、結果はどのようなものになるだろうか。もし私たちが比較的ほんの最近のことである有史時代の歴史において、人間がチンパンジー（またはネコやイヌ）に関して問いはじめたばかりの質問を昆虫に対してしないのであれば、私たちはこれらの小さな動物たちにたいへん失礼な行いをしていることになる。昆虫たちは学習をするのだろうか。彼らはどんな賢い方法で自らの世界と関わっているのだろうか。彼らは明確な個性を通して、世界を経験しているのだろうか。

昆虫の知性

スズメバチに対する私たちの印象としては、外で過ごすときなどにブンブンという音を発し、ときには人を刺すようなありがたくない存在といったものだろう。しかし彼らに対する別の見方もある。すなわち、忙しく活動する頭脳を持つ動物というものである。アシナガバチは私たちの〇・〇一パーセントに満たない頭脳で、彼らにとって大切な互いの個体を認識している。神経生物学者のエリザベス・ティベッツは、数匹のアシナガバチの顔に識別用のペンキを付けて顔の特徴を変化させる実験でこの事実を発見した。ハチの巣のメンバーたちは、突然顔が変わってしまったこれらのハチに変則的な攻撃的反応を示したが、ペンキは塗られていても顔の特徴が変わらないままだった対照バチに対する行動に変化はまったく起こらなかった。上記の敵意に満ちた反応という特異性は、ハチたちが顔を認識し、この認識力により自分たちの共同体に属するメンバーを確定していることを示している。顔にペンキを塗られた巣の仲間たちは、突然部外者とみなされ、そのため反応は友好的なものではなかったのだ。

この実験でティベッツに使われた女王バチ（アシナガバチ［*Polistes fuscatus*］）たちは、共有する巣の中で互いに協力して働くが、雌同士の競合も経験する。顔認識はこのような状況の中で、適応性を有するものである。なぜなら、女王はライバルになりうるものと味方になりうるものを見極める必要があるからだ。ティベッツはさらに、対になった様々な種類の絵を区別するようにこれらのハチを訓練した。彼女と共著者のエイドリアン・ドライヤーは次のように記している。「最も顕著だったことは、ハチの顔の絵から触角を取り除いたり顔のパーツを入れ替えただけで、ハチたちの顔に対するすぐれた学習能力が劇的に低下したことである」。この事実が、ティベッツとドライヤーに示していることは、ハチたちは人間同様、脳の特定の部位で全体的にとらえながら、顔の画像を処理していることである。

ティベッツはそのあと、複数でなく単独の女王バチが巣を作る種（スズメバチ［*Polistes metricus*］）に研究を広げた。この事例では、ペンキで巣のメンバーの顔を変えても、顔認識による反応がすぐに起こることはなかった。しかし、ここに目を見張るべきことがある。すなわち、訓練の段階で、これらのハチは顔の識別を学習していたのだ。おそらくこの能力は、進化の過程でこの種に直接備わったものではなかっただろう。その心の能力は存在しているのだが、自然状況の中では表面化しないのだ。ティベッツとドライヤーは、ミツバチとスズメバチの研究を総合的に再検討し、「私たちが想像した以上に小さな頭脳で大きなことが起きている」と結論付けた。

その結論は他の昆虫にも当てはまるだろうか。答えはイエスであり、学習のことなら当てはまる。昆虫学では、学習とは新しい情報を取得し、それを頭脳の中で表現する能力と定義されている。歴史的に見て、昆虫学で有力であった仮説は、すべて本能に結びつけるものばかりだった。「単純な神経の仕組み＝組み込まれた本能によって引き起こされる行動」という、これまで幅を利かせてきた等式はたいへん単刀直入なものであるが、著しい誤りでもあったのだ。

ある春の朝、私がこの章を書いていると、ツイッター上に「ミバエは自らの意思を決定する。さらに、もたらされた情報の評価が難しい場合には、決定により多くの時間がかかる」とのニュースが流れた。巧妙に設定された実験によって、被験者のミバエはまずある強いにおいを回避するように訓練が施され、そのあと強度が異なる同じにおいのサンプルを選ぶように求められた。するとこの昆虫は、においの違いが微妙な（最小の）場合の方が、違いが顕著な（最大の）ときよりも選ぶのに時間がかかったのだ。神経学者のシャミク・ダスグプタと彼の研究チームは、この実験には「証拠蓄積という行動的特徴が見られる」との結論を下した。言い換えれば、これらの昆虫は意思決定が複雑な選択肢を提示されたときには、理にかなった選択をするために十分な情報が得られるまで待つのだ。状況に応じた変数の考察は、ミバエの場合では一つの特定の遺伝子（*FoxP*）に連動していて、それはミバエの神経単位の総数の約〇・一パーセント、つまりほぼ二百個の神経単位である。

さらに昆虫の学習例としてよく知られるものにミツバチの尻振りダンスがある。この場合、新情報の取得は社会的な場面で行われる。経験豊かなエサ集め係のミツバチは暗い巣の中で踊りながら、若くて経験の浅いハチたちに、お目当ての花のありかを見つけるには、どのくらいの距離をどの方向に飛んでいくべきか教えるのだ。科学実験のおかげで、私たちにはこのダンスの機能が分かっている。すなわち、それは詳細な指示によってピンポイントの地点まで道案内してくれるGPS装置のように機能するわけではない。そうではなく、尻振りダンスを見ているミツバチにおおざっぱな方向を指示するのだ。そこへ向かえば、花自体が視覚や嗅覚による手がかりを与えてくれ、ミツバチたちはこれらの標識に狙いを定めエサを漁りはじめることになる。

意思決定をするミバエや情報共有するミツバチのような例は他にも多数あるし、個別的あるいは社会的な学習は、昆虫の世界では確固たる現象なのだ。二〇〇八年のレビュー論文の末尾で、ルーベン・デュカスは次のように結論付けている。「学習とはおそらく昆虫がすべての主要な生活機能のために依存する、昆虫の普遍的な特性であろう」。ここでの「おそらく」という限定的とも思える言葉にうろたえないでほしい。私たち科学者は、ほぼ常に起きると知っていても、必ず常に起きるとは限らないと想定するように訓練されているのである。デュカスはしかるべき慎重さを期しているのだ。しかしそれでも、すぐに彼は自分の主張を展開し、次のように記述している。すなわち、昆虫は頭脳が小さくて寿命が短いので学習はできないと「広く信じられてきた主張」は新しいデータによって「却下されたのだ」。

精神活動のない雄バチは存在せず、物理的および社会的環境から感覚および頭脳に入ってくる情報を評価するという意味で、昆虫は知性的であり、ある顕著な場合では、彼らは知った情報をもとにどう行動すべきか考えるのだ。

昆虫の個性

コオロギと料理のうえでのつながりを持った私は、BBCネイチャーのウェブサイトの科学ニュース欄のトップ記事で紹介されていたこの挑発的な一文を見つけてたいへん驚いた。すなわち「ある新研究での発見によると、幼少の頃の経験が大人のコオロギの個性を変えることがある」というものだった。生物学者のニコラス・ディリエンゾと彼の同僚たちが、そのようなつながりを想定した事実自体、私たちに重要なことを告げているのではないだろうか。すなわち、動物行動学研究の大御所たちが今では、一部の昆虫種の中には個性の存在を指し示すものがいるのではないかと考えるようになったことだ。

ディリエンゾはアニマル・ビヘイビア誌に発表した科学論文の中で、大胆さの度合い、すなわち生物が自らを危険にさらそうとする意欲は、個々のコオロギで年齢や状況別に一貫性を持って現れる特徴であると論じた。大胆さは攻撃性を伴う傾向がある。「攻撃性はこのコオロギという種における個性と私たちはみなしていて、特に攻撃性と大胆さには相関関係があり、行動様式を形成すると考えている」と研究者たちは注目している。

科学者たちは、若いコオロギ（アメリカ西部で普通にいるコオロギ［*Gryllus integer*］）が会得する音声を実験的に操作した。彼らはまず、前肢にある鼓膜と呼ばれる聴覚器が未発達の若いコオロギを集め、成長とともにコオロギを二つのグループに分けた。一つのグループは野生下で聞いたであろう状況をまねて雄の鳴き声のコーラスが聞かされ、別のグループは何も聞かされなかった。

その音声は雌をめぐって戦う雄同士の間に発せられるもので、「音による性的信号」と呼ばれるコオロギのコーラスなのだが、これを聞かされることなく育てられた雄の方がより攻撃的で、より支配的な立場になる傾向が認められた。私は研究作業にあたる研究者たちが、攻撃性レベルの評価のために雄同士の取っ組み合いやその行動展開を熱心に観察している姿を想像しながら、楽しい思いでこの実験の詳細を読んだ。しかし私はなぜ静けさの中で育った雄がすぐれていて、より攻撃的な戦いを展開するのかという自分なりの疑問が解決できなかった。

そして分かったことは、ディリエンゾと共著者は、コオロギは聞いたり聞かなかったりする音声によって、個体数の密度を理解しているのではないかと考えていることだった。何も聞かないコオロギは、雌を見つけるための戦いで他の雄と競合することはないと考えるのだ。つまり、周りにより大きな競合があると認識したときよりも自分には優越性があると考えたわけで、周りの状況に合わせた行動をとったのだ。別の言い方をすれば、周りの環境からの信号によってコオロギの個性が変わるのである。

しかし、コオロギの大胆さや攻撃性のレベルを測定しただけでは、当然ながら動物の個性に対する限定的な観点しか見えてこない。外で活動するコオロギの行動を追ってみても、ニワトリやチンパンジーのようには、際立つ高度な個々の存在を目のあたりにしているとは感じられないだろう。動物同士は互いにもっと複雑な局面で異なるのであり、たんに大胆・大胆ではない、攻撃的・攻撃的でない、社交的・引っ込み思案、感情的に怒りっぽい・冷静、執念深い・のんきなどの違いだけではない。

しかし、実際の世界での生き様となると、昆虫はたんに型通りの性格の持ち主などではない。コーラスを聞かせるというコオロギの実験は、育った環境が個性形成に役割を果たす面もあり、個性はたんに生まれつきの遺伝の問題だけではないことを示している（序文に既述したが、科学者たちの中には、動物の気質は遺伝に由来するのに対し、動物の個性は一部環境に影響を受けると考える者もいることを思い出してほしい）。要するに、私が例のコオロギのクッキーを食べた際には、私は個体として独自の見方で世界を考えている動物を飲み込んでしまったことになる。このようにして食べられるのは、昆虫やクモの仲間ではコオロギだけではない。

ダニエラ・マーティンの報告では、「タランチュラは多少焦げくさいロブスターに似た味がする」とのことだ。私は昆虫や蛛形類の生態や進化に興味を持ち、（蚊など少しの例外はあるが）できるだけこれらの動物に危害を加えないようにしてはいるものの、すでに述べたように私は無意識的に身震いしてしまうので、彼らに近づくときはぞっとする気持ちを抑える必要がある。でも、私は彼女が表現したことに同意できるかどうかを確認してみるつもりは今のところはない。

繰り返すが、私の反応は文化に根ざすものだ。タランチュラに刺されて死んだ人の報告は記録上ない。そうなのだが、タランチュラは蛛形類の中でも大きい種で（最大のものは脚長十二インチ［約三〇・五センチ］、体重五オンス［約一四二グラム］）、彼らの毛むくじゃらの外観にはっと驚いてしまうのだ。その大きさや肉体的特徴に起因するタランチュラに対する否定的反応は、これらの動物をめぐって文化的に好意的な見方が何もない場合には、さらにひどいものになる。マーティンは特に次のように語っている。

「ジミニー・クリケット（訳注、『ピノキオ』などに登場するキャラクター）のおかげで、コオロギは欧米社会に良いピーアールができている」。でも、タランチュラはその真逆である。

しかし、タランチュラが毛深いことに対しては、恐怖というよりはむしろ魅力を感じるべきだ。なぜならそれは活動中の進化の見事な実例だからだ。タランチュラは巣を作らないが、他のクモと同様、彼らは振動によって外界を感じ取る。その際、毛がそれを感じ取り、エサを獲る助けとなっている。私はこれらのことやその他の興味深いタランチュラの事実を、マイアミ動物園の変温動物責任者のニコル・アトベリーとのオンライン上のインタビューから知った。アトベリーはさらに内気なタランチュラと攻撃的なタランチュラを見分け、タランチュラに個性があることを喚起している。

ここでカギとなるのは、昆虫の個性に関する私たちの考え方に合理的なつり合いが見出せるかだ。クモ学者のサミュエル・マーシャルは、（一部の人によってタランチュラの世界の首都とみなされている）仏領ギニアで野生のタランチュラを研究し、研究室でタランチュラとともに途方もないほどの時間を過ごしてきた。彼はその神経組織が原始的であることから、私たちがタランチュラに関してあまり深入りして認知学上や情緒的な言葉で考えるべきではないと警告している。彼は、タランチュラが例えば多くの脊椎動物のようには心配したり落ち込んだりするとは考えていない。しかし、彼は二〇〇四年のディスカバーマガジン誌の対談で、例えば同じ種の単一個体群の中でも、与える刺激に対する反応方法がタランチュラごとに異なるという点に言及する際、「個性」という言葉を受け入れていた。これらの異なる傾向性が、潜在的に非常に複雑な一組の行動様式を創り出す。マーシャルの弟子の二人、メリッサ・バレチアとバーバラ・ヴァスケズは、インディアンオーナメンタルタランチュラが仲間になるうる候補としての他の個体よりも、自分の兄弟姉妹と一緒にいるのを好むことを発見した。そのときマーシャルが言ったことは、「長生きのジャイアントスパイダーには、私たちが思いつくよりももっと多くのことが起きているのだ」であった。

クモの個性の科学を調査する中で私がマーシャルに連絡を取ると、彼は科学のネットワークを見事に駆使し、テネシー大学ノックスビル校のクモ生物学者スーザン・ライカートを紹介してくれた。ライカートは「クモの行動は繰り返しがとても多く、それはかなり強い遺伝的な要素であるため、私は常にクモの行動傾向を気質と呼んでいる」と私に語ってくれた。彼女の説明の「常に」という言葉に私は驚いた。なぜなら、私は他の学者から聞いて、環境がときとしてクモの行動に影響するものだと理解していたからだ。しかし彼女のこの説明は、一つの種における変化の幅は例外なく、学習された複雑さに由来するものではないことを伝えている。長年の中で私が読んだ最も素晴らしい研究の一つには、このことが見事に示されていた。すなわちライカートとトマス・ジョーンズのクモの社会組織の変異に関する論文には、（特にこの場合には）環境上の影響を受けないことが示されていたのだ。

ライカートとジョーンズは、北および南アメリカの森林で見つけられる社会性のあるクモ、ヒメグモを研究している。この種では、クモでは珍しい母親による育児が行われ、母が幼い子どもを守り、口から吐き戻すことで彼らにエサを与える。母が死ぬと、しばしば強い娘が巣を支配して自分の兄弟姉妹を追い出す。アメリカで活動しているライカートとジョーンズは、南フロリダのエバーグレーズ（二十六度）から東テネシー（三十六度）までの範囲で、緯度で二度ほど離れた所に、水路で近づくことができる二か所のヒメグモの棲み処（それぞれ巣が多くある）が特定できた。雌が単独でいる巣は、どの緯度でも最も頻繁に見られることがわかった。雌が複数いる巣および他の雌が協力している社会構造を持つものは三十度の所で最初に見られ、緯度が高まるにつれ発見の頻度は増していった。

フィールド調査に研究室サイドの研究が加わることで、結果は興味が増すものとなる。ライカートとジョーンズは、二つの寒冷水域と二つの温暖水域から複数の巣を採取し、研究室でそれらの巣の幼体を育てた。その後、彼らはこの二世代目の幼体を様々な緯度の野生地へと戻した。このようにして、雌が単独でいる巣の幼体のいくつかは雌が複数いる巣が一般的である緯度へと移され、またその逆も行われた。科学者たちの言葉を借りれば、これらすべての幼体が「移された場所が温暖水域であるか寒冷水域であるかに関係なく、親の巣の社会構造を示す」傾向があった。雌が複数いる巣が、例えば単独の雌の巣を好むテネシーの生育地に移された場合、複数の雌の巣が新しくできた。社会構造と緯度の間に相関は存在するものの、特定の環境が特定の社会構造を誘発するわけではない。このクモの種における社会的行動は環境的要因に抵抗するものであり、柔軟性は示さない。個性が部分的に環境によって形作られるものならば、このような状況で個性といったものが生まれることもありうるのだろうか。そうは見えないが、これらのクモには確かに気質があるという証拠はある。

生態学者のジョナサン・プルイットは、ヒメグモの個体はより積極的かよりおとなしいかに区別できることを見出した。彼は蛛形類のいわば仲人役となり、実験室で積極的な雄と積極的な雌、おとなしい雄とおとなしい雌、また異なる各々のタイプの雄雌同士など、九十のクモのカップルを作った。すると次世代の気質は、積極的なペアの子どもはほとんどすべてが積極的といったように、一貫して（完璧なものではないが）予想可能なものとなった。次にプルイットは、九十個の巣を野生地へ移した。そのうち半分は他のクモが侵入しないように隔離し、残り半分は野生地では自然に起こるクモ同士の競合という状況下に置いた。略奪者から守られたエリアのクモの集団は、すべて同じように順調な生活を送った。自然状況に移された似たもの同士の集団では、おとなしいペアの集団が最初は順調な生活ぶりだったが、長期的には積極的なペアの方が長く生き抜き、明らかに多くの子どもを残した。これは彼らが獲物として消費される頻度が少なかったためだろう。プルイットの研究についてサイエンス・ナウ誌では次のように述べられている。「ナイスガイはいつも最下位だと判明した。少なくともクモ類の世界では」。しかし、プルイットは次のように観察している。すなわち、異なる気質が混ざったペアが野生地に移され、積極的なヒメグモの個体とおとなしい個体とが共同で生活した際には、すべてのクモはうまく生活したのだ。おそらくその理由は、異なる気質のクモが混ざる方が生存のための様々な課題を解くのに長けているためだろう。

クモや昆虫における気質と個性のつながりに関する今後の研究展開は興味深いものとなるだろう。社会性を有する昆虫に注目し、生物学者のジェニファー・ジャントとその同僚は二〇一四年のレビュー論文において、アリやミツバチの社会的集団内での個々の行動の違いは、通常作業の専門化という用語で説明されると解説している。例えば、護衛役はエサの調達役とは当然行動が異なる。しかし著者たちは、分業を超えた何かが関係しているかもしれないと示唆している。個々のアリは、大胆だったり引っ込み思案だったり、積極性に富んでいたり欠けていたり、意欲的に周りの環境を探索したり、あるいはしなかったり、それぞれ異なる。ヒメグモの気質ですでに見てきたように、このような類の違いには（気質に基づくものであろうと個性に基づくものであろうと）適応性がありうる。

一つの集団の中に異なる行動タイプの個体を混ぜて入れることは、変化する環境条件に対応する集団の柔軟性に影響を与えるのだろう。例えば、環境条件が好ましければ、集団はより活動的になりえる。働きアリ（バチ）の間でより大きな違いがあるほど、より多くのタイプの個体が各々の生態的条件に対応できるし、実際、働きアリ（バチ）の違いの度合いが大きければ集団の生産性が増す。

タランチュラに話を戻すが、引っ込み思案か積極的か、つまり尻込みする傾向が強いか打って出る傾向か、どちらの方が腹をすかせた人間（捕食者）を回避する有効性が高いのだろうかと私は考える。世界の特定の地域では、（気質や個性は分からないが）一部のタランチュラが見事に捕えられ、調理され、食べられている。ダニエラ・マーティンは、世界をめぐる食べ物の旅でカンボジアを訪れた際、タランチュラのフライを食べようと探しに出かけた。するとプノンペンの郊外を車で移動しているとき、彼女はシュガーパームワールドと呼ばれる場所を見つけた。その入り口の両脇には、二つの大きなセメントのタランチュラが並んでいた。そこで彼女は目指していたものを見つけたのだ。マーティンの報告によると、カンボジアではタランチュラは丸ごと食べられ、彼女もその食べ方に従った。そして彼女は、大豆油で揚げられたタランチュラをいろいろ試食して比較した。その味付けは燻製のロブスター風ではなく、「ドリトスを混ぜた特別噛みごたえのある韓国のバーベキュー風」だった。

今後を考える

昆虫は学習し、そして学習しつつ思慮深い決断を下せるのかもしれない。私たちはしばしば彼らを全体として、ひとくくりのものとして考えがちだが、彼らの個性（または気質）は互いに明白に異なるのかもしれない。彼らが喜びや痛みを感じているかどうかを確認することは困難であり、昆虫やクモの主体的感覚性に関する非常に重要な問いに対し、私にはすぐに答えを見出すことはできていない。しかし、その高度な学習能力を考えると、主体的感覚性の可能性を排除すべきでないことは明らかだ。アメリカやヨーロッパで昆虫食熱が高まるにつれ、このような難しい問いは核心に置かれるべきものだろう。

一部の人たちにとっては、どんな動物でも意図的に食べることには、それらが学習し、考え、個性を示すか、または喜びや痛みを感じるかの問題は別としても、倫理上の正当性は存在しない。私はコオロギクッキーを食べたあとで、それらを焼き上げてブログに投稿しているリトルハーズ創設者のロバート・ネーザン・アレンにインタビューした。するとアレンは菜食主義者たちがどうして昆虫食を受容しないのか「その理由を想像できない」と語ったが、すでに明らかにしたように、私にははっきりその理由が想像できる。私が今まで話してきた（私の夫や娘を含む）ほとんどの菜食主義者たちにとって、動物の命は動物のものであり、それは消費されるためのものではないからだ。

しかし昆虫を消費する人たちは、それでもよく考え抜いた倫理的枠組みの中で活動していくのかもしれない。ワシントンDCの芸術家、アビー・アリソン・マクレインはこれまでの昆虫食での最高の経験と最低の経験を私に説明してくれた。最高だったのは「断然コペンハーゲンのノーマで食べたバッタのドーナッツ」と彼女は言う。「おいしいだけでなく、世界最高にランクインするレストランで昆虫がテーブルに出されると考えるだけで詩的で素敵なこと」だと語った。それとは対照的に、彼女はペルーのクスコで食べた、焼いた甲虫の幼虫の経験もかいつまんで話してくれた。それには「かなりむかついた」という詩的な言葉とは程遠いものだった。

私が最も好奇心をそそられたのは、マクレインが自分のことを菜食主義者だと考えていることだった。私は彼女に昆虫を食べることの費用対効果をどう考えているのかを尋ねた。すると彼女は「私にとっては」と前置きし次のように答えた。

菜食主義は常に虐待行為のない世界における飢餓問題解決の持続可能性およびより良い解決法を目指

してきた。昆虫が生き物であることは否定できないが、昆虫を養殖し育てる可能性は現実に大規模に行われようとしており、それは他のほとんどの生物に大いなる利益をもたらすだろう。

畜産農場が地球に与える犠牲は甚大だ。人間の栄養摂取のために食物連鎖の最下位にいるものたちに頼るのは、一部の人たちには不公平で偽善的に見えるかもしれないが、多くの人間が数十年生きられる動物を日常的に食べていることを考えれば、私たちの生態系で最も短命な生き物の何種類かの寿命を短縮したとしても、その利点を考えればほんの小さな代償に思える。

もちろんマクレインの語る小さな代償は、昆虫にとってみれば小さなものではない。しかし空腹な世界にはタンパク質の供給源が必要だ。どこからタンパク質を確保するのかを決めなくては、というよりもさらに正確に言えば、ある場所に居住する人たちはその選択を行う必要がある。資源が豊かな国に住む私たちは、動物性タンパク質を意図的に摂取せずに、菜食主義あるいは完全菜食主義の食事を望む範囲で選択できる。しかし私たちがそのような食事を選択したとしても、産業化された食料生産においては、殺虫剤の散布や重量のある収穫用農業機械などの使用により、昆虫の死に加担している。有機栽培農家も「害虫」の管理は必要であるし、耕作をしていれば、どんなやり方をしても昆虫を殺してしまうことがありうる（農業が及ぼす昆虫の生命に対する定量的な影響について、私は信頼できる試算を見出すことはできていない）。

本書の随所で述べているように、すべての人が食べ物を選べるという贅沢を享受しているわけではない。それはまさに地球規模の状況に起因するものであり、リトルハーズのアレンの目標は真剣な検討に値する。アレンは昆虫自体の命と死に思いをはせる。彼は私にこう言った。「養殖場で育てられる昆虫には十分かつ豊富な食料が与えられる。暗い状況（彼らの好きな環境）で生活し、天然の捕食者は存在せず、外部からの病気や寄生虫のリスクもない。そして収穫時には、私たちは温度を下げる（昆虫は変温動物なので、体温低下により代謝が低下し、やがて昏睡に近い睡眠状態に入り痛みを感じなくなる）。その結果として非業の死も状態の変化も起きない。私には食肉用動物を育てるにあたってこれ以上人道的な方法を思いつくことができない」。

懐疑論者たちは低体温死が昆虫に人道的な終焉をもたらすという考えに異論を唱えるかもしれない。それは昆虫の主体的感覚性に関するその他の疑問と同様、今後さらなる検討に値する問題である。アンドレアス・ジョンセンが世界の昆虫食をテーマとして扱った二〇一六年のドキュメンタリー映画『バグズ―昆虫食は地球を救うか―』（*BUGS*）のシーンを見て、私は少し気分が悪くなった。ノルディック・フード・ラボのシェフがケニアの野外で食べられる昆虫を探索し、火にかけたフライパンに大きなシロアリの女王を投げ入れたのだ。女王がもだえるとシェフは語る。「女王は苦しんでいる。生きたままの調理だから」。そのようなやり方がひどい残虐行為であるかどうかを判断する際、私たちにシロアリの主体的感覚性に関する特別な学識は必要ない。

さらに私たちに分かっていることは、消費目的で家畜種を育てるという伝統的なやり方と比べれば、昆虫食はより環境にやさしいものだということだ。というのは昆虫は、私たちが現在食料用に屠殺している哺乳類や鳥類の飼料として貯蔵されている大量の穀物や大豆を必要としないからだ。二〇一三年の国連食糧農業機関（ＦＡＯ）の報告書には、この問題に関して私が読んだ最もすぐれた要約がある。

食料や飼料として昆虫を育てることの環境上の利点は、昆虫の低い飼料要求率に基づく。例えばコオロギは、体重を一キログラム増やすためにたった二キログラムのエサしか必要としない。さらに、昆虫は有機廃棄物（人間と動物の排泄物を含む）で飼育され、環境汚染を減らすのに役立つ。昆虫はウシやブタよりも温室効果ガスやアンモニアの放出が少なく、家畜を育てる場合に比べ、必要な土地や水も大幅に少ないと報告されている。この問題はさらなる調査が必要だが、昆虫は哺乳類や鳥類に比べ、人と動物の共通感染症を人間、家畜、野生動物に感染させるリスクが低い可能性もある。

では、私たちは昆虫食によって世界中の飢えと環境危機を一挙に解決に導く方法を見出せるのだろうか。もちろんそうではない。現在のところ、昆虫食は少なくとも一部の人たちの間の最先端を行くようなもの（ジーニ・ジャーディンの「オタク料理」）で遊び心のある冒険なのか、それとも気候変動や人口増加によって引き起こされる危機に直面している世界を希望をもって前進させてくれるものなのか、あるいはその両方だろうか。ロンドン大学先端科学部感覚研究センターの研究者オフェリア・デロイは、昆虫食は私たちの環境の救世主になるからではなく、興味深いものなので人気が出るだろうと信じている。二〇一五年のネイチャー誌の中で、デロイは昆虫を「産業養殖された肉の代用食」として提示することに、懐疑論者を説得できるほどの魅力を持つ根拠はないと述べている。「私たちは嫌悪感と戦うことより味の良さを強調すべき」と彼女は言い、昆虫はデザートに向いていると断言している。

一つの行動、あるいは一つの食べ物だけが、私たちの環境問題を解決する魔法の弾丸とはなりえない。作家であり農場活動家であるウェンデル・ベリーは自らのエッセー「運動への不信」（*In Distrust of Movements*）の中で、原野の保全、持続可能な農業、さらには子どもたちの福祉促進のための運動にさえ不満を表明している。彼は次のように書いている。「千個もの別々の問題が、学識経験者および官僚で構成される千の作業部会によって解決されうる」という考えでは、断片的な解決策にしか至らず、包括的、根本的解決とはならない。このような基準では、昆虫食の動きは誤った方向に導かれた、過度に専門化された概念で終わってしまうだろう。しかしベリーは、環境問題の原因である毒素をただののしるだけで満足したり、お手上げ状態のまま問題放棄などはしない。彼は差し迫った問題に対する総合的な対応について、私たちにできるより良い方法を描いてくれている。彼が言うには、私たちがより良くできる第一のことは、高価な管理者や規模が膨らむような基盤を必要とするものよりも、安価でできることを見つけ、それを支持することであるとしている。ベリーの言葉によれば、「誰の手にも届くような解決策」が最善なのだ。昆虫食にはまさにこの理由で、成果が出るチャンスがあると、その信奉者は言う。つまり世界中で入手できる資源を活用し、さらにその活用度を増大させ、地球規模の必要性に迅速に対応できるのだ。

昆虫食は常に人気があったという伝統的な文脈をはるかに超えて広がり、大きく上昇に向かおうとしている。一方、科学者たちは過去十五～二十年で、以前にも増して昆虫の知性や個性に関してより深い問いかけをするようになった。この二つの軌道が交わり、おそらく衝突することを見届けるのは素晴らしいことだろう。二つの軌道とは、昆虫を食べることへの関心の高まり、そして昆虫の行動の複雑さを理解しようとすることへの関心の高まりである。

動物の巨大な分類学的グループを一般化して、例えば、食用として優先すべき昆虫の「ビッグ5」などを考えるのは危険である。しかし、二〇一四年の著述の中でオリバー・サックスは自信をもってこの章で見届けた内容と同じ趣旨を繰り返し述べている。すなわち、「私たちはしばしば昆虫のことを機械仕掛けで動く小さなもの、つまりすべてが組み込まれプログラム化されたロボットのように考える。しかし、昆虫が非常に豊かでかつ予想外の方法で記憶し、学習し、思考し、コミュニケーションできることが次第に明らかになってきている。その活動の多くは確かに組み込まれたものであるが、同様に多くが個体の経験によるものと思われる」。私たちが持ち続けなくてはならないのは、予期ができないものをうっかり見落とすことのないようにする見方なのだ。昆虫の主体的感覚性に対し決定的な声明を出すことは、知性や個性に対するよりもはるかに簡単ではないのだが、昆虫には驚かされる発見が多いのだ。

ジーン・ストーンとジョン・ドイルの二〇一四年の小説『気づき』（*The Awareness*）では、動物は次第に人間の手による扱いに対して意識が高まっていき、彼らは反抗しはじめる。人間と他の動物たちの間で戦いが起こり、その結末は激しくひどいものとなる。しかし小説の主な登場者であるブタ、ゾウ、イヌ、クマにとっては、人間に対する復讐は空虚な行為であり、自分たちのように賢く、主体的感覚性のある動物にとって、それは正しい答えではないことが分かる。このような方向に話が展開されていき、動物たち、すなわち人間以外と人間はともに途方もなく大きな問題、あるいは世俗的な問題に関して対話しはじめるのだ。そして多くの場合、一つの種の個体たちが別種の個体たちに向かい、自分たちの技術、力量、慣習を語る。あるとき一頭のクマが戦いで傷ついた一人の人間を助ける。その男は数時間前に眠りこんでしまっていたが、やがてその眠りから目覚める。そこにいたクマは男が眠っている間に丸太の中に潜んでいる昆虫を取りに出かけていたのだった。会話は男の発言で始まる。

「ここはどこ？」――「僕が休む所さ。ほら、君に食べ物を取ってきたよ」

彼は人間に手を差し出した。人間はクマの手にある昆虫を見て首を横に振った。

「ありがとう、でも私たちはそれを食べないんだ」――「あ、そう。でも僕たちは食べるよ」

第2章　タコ

昆虫やクモを含む地球上の動物種の九十五パーセントと同様、タコも無脊椎動物である。彼らは明らかに地球上で最も知性の高い無脊椎動物でもある。二〇〇九年、海洋生物学者のジュリアン・K・フィン、トム・トレゲンザ、マーク・D・ノーマンはこの種のものとしては初めての結論を発表した。すなわち、スラウェシとバリの海岸沖のメジロダコは隠れ家を作るために必要になることを予期して、ココナッツの殻を持ち歩いているのだ。タコが二十メートルほど移動する際、半分に割ったココナッツの殻を積み重ねて小脇に抱えて運ぶ様子が四回ほど観察された。しかし、タコがその二十メートルを泳いだなどとはとても言えない。というのは、殻は形が不規則であり、泳いで運ぶにはあまりにもエネルギーが必要となるので、タコは変なぎこちない足取りで海の底を歩いていたからだ。

フィンと共著者はこの独特な動きを「竹馬歩き」という用語で表現した。ビデオで竹馬歩きを初めて見たとき、私は声を出して笑ってしまった。それは私に、両手いっぱいに果物を抱え、さらに太ももや股の間をポケットのようにして、そこにも果物を詰め込んで運んでいくチンパンジー、もしくは重いものを抱えて左右に揺れながらゆっくり歩く人間の足取りを思い出させた。しかし、タコにとっては重労働に見合うだけの成果は明らかにあるようだ。というのは、ビデオでも分かるように、彼らは砂浜の海底にある一つの殻の中で休み、そのあと二個目の殻を引きずって来て、自分たち用の居心地のいい二枚貝のような隠れ家を作ることもできるのだ。あるいは、殻を部分的に埋めて、仮の巣穴として住むこともできる。

これらのタコはココナッツの殻を持ち運び、より安全で気持ちよく生活するための目標に向かって、自分自身を未来に投影するのだ。確かにこれらのココナッツの殻を持ち運ぶタコは、自分の行動を考えていて、人間が海を変えた（ココナッツは人間が海に捨てたものだ）からこそ、その生息地にあるものを最終的にどんなふうに使えるのかを考えて活用している。私は、フィンと彼の同僚たちがカレントバイオロジー誌に発表したタコの道具使用に関する論文の結語が気に入っている。すなわち、「戦利品のココナッツの殻を持って海底をよちよち歩くこのタコの発見は、私たちがかつて人間だけのものだと考えていた行動に海の無脊椎動物たちも従事していることを示唆している」。

ココナッツを持ち運ぶ行為は、この章で考察するタコに関する魅力的な発見の一つにすぎない。野生でも飼育下でも、タコは戦略を立てて問題を解決し、飼育下の水槽内では自分たちに対し、あるいは自分たちのために人間がすることに鋭い注意を払っている。タコの研究者であるジーン・ボールが私に語ったように、タコは「やさしくエサを与えてくれる実験担当者（いつもの居場所から出てきて彼らに近づく）と、彼らの水槽をサイフォンクリーナーで掃除する嫌な実験担当者を明確に区別している（水、墨、粘液などを彼らに吹きかける）。つまりタコは私たちと直接的にコミュニケーションも図るのだ。そしてタコは確実に意図と感情を持っているかのような行動をとる」。

タコの幸せな生活は、彼らを困らせる研究者たちによって展開されるよりもはるかに深刻なかたちで脅かされている。ナショナルジオグラフィックのビデオクリップが示しているように、韓国ではタコの踊り食いが一部の人たちの間で人気がある。その資料を見てみると、ビデオのナレーションは明らかに非科学的なものであり、第一にタコの「出っ張った頭」と誤って説明し（実際には体）、さらにタコの「丸く光るかわいい目」と、人によってはその目が「醜くて、胸が悪くなるような」ものに映るという事実の両方を同時に強調しているのだ。映像が進むと、一人の若い女性の口からタコの腕がのたうちながら突き出てきて、そのあとディナー用の白い皿の上でまだ動いているタコがレストラン客に提供される様子が映し出される。韓国では、タコの踊り食いにより体力とスタミナが付くと考えられているが、それはタコの吸盤が舌にくっついて呼吸困難にならなければの話だ。実際、生きたままのタコを食べ、窒息死した人もいる。だからこそ、この食べ方を会得して死なずに済んだ人たちは、勇気ある者と称賛されるのだ。

ブロガーのマイケル・ジョンストンは友人とソウルのノリャンジン水産市場へ行ったときのことを語っている。目的はタコが殺され、その腕の部分が頭部から切り離される料理「サンナクジ」を体験することだった。解体された腕は三十分ほども動き続けたとジョンストンは語っている。なぜジョンストンは生きたままのタコを食べたいと思ったのだろうか。彼はそれを、自分と友人が結果的に合格することになった「欧米人の味覚には瞬時に嫌悪感を起こさせるような韓国文化にあえて挑戦するという自分たちの意欲を試す」テストだと説明した。

タコの生態が分かってくると、死後も腕の動きが続く理由が明らかになる。キャサリン・ハーモン・カレッジが著書『タコの才能―いちばん賢い無脊椎動物』（*Octopus! The Most Mysterious Creature in the Sea*）の中で、タコの脳は複数の箇所に効果的に分散されていて、彼女の著述するところによれば、「主要な脳は食道を包むようにあり、さらに事情が分かりにくいことに、その『脳』のほとんどは腕にある」。タコの自由自在に動く水中ダンスを観察しているとき、私たちが目のあたりにしているものは、進歩の過程にある情報収集法なのだ。カレッジが注目するところでは、マダコはそれぞれの腕にカップ状の吸盤を二百四十個ほど持ち、しなやかな茎状部に付いたそれぞれの吸盤が動いては、味、圧力、位置などのデータを集めているという。それは本当の意味でダンスの全体構成なのだ。なぜならタコは八本の触腕から入る情報を統合しているからだ。

腕にデータ収集機能があるのなら、タコは食べられる過程で何を経験しているのだろう。一本の腕は、遠く離れてしまった（そして死んでしまった）中枢部のタコの脳に必死で「窮地にあるよ」と連絡を取ろうとするのだろうか。もちろんそれは分からない。カレッジはタコの行動や知性に関する著書を執筆する過程で、ニューヨーク・フラッシングのシクガクという名のレストランでサンナクジを食べた。おそらく彼女の選択は、私が第1章で語った昆虫食の経験とそんなに違わないだろう。しかし私の偏見がここで露見する。つまり私は難なくコオロギやバッタを食べた一方で、カレッジが魅了された題材を食べているのを考えて青ざめてしまったのだ。私がかつて西アフリカのガボンに初めて到着し、飼育下のチンパンジーの行動と生理機能を研究しているチームと合流した際、レストランの食事でサルが出されたことがあった。私は「地元の文化に身を浸すように」という人類学上の意見は分かっていたのだが、その料理を受け入れる気にはどうしてもなれなかった。私の夕食が運ばれると、フライドポテトにはウェイターもそれと認めたサルの毛がたくさん載っていた。すなわち、食べることを拒んだだけで、私が一頭の霊長類の命を救えたわけではない。二年後、私はナイロビのカーニボー・レストラン（序文参照）で風変わりな肉を試食することになるのだが、私が肉を食べていた頃でも、私たちに最も近い霊長類を観察し、考察することに専門家としての生活の多くを捧げてきた私には、サルだけは食べることができなかった。

それとは対照的に、カレッジはサンナクジを食べた体験を懐かしそうに語っている。彼女の著述によれば、「皿の上で筋肉質の腕の部分はナメクジのように見え、灰色でずんぐりとして、のたうち回り、付け合わせや他の腕の切れ端の上の至るところを騒然と動き回っていた」。一部はしつこく皿にくっついていたが、カレッジは最後の切れ端を引きはがして口へと運んだ。彼女には「浴槽の底から小さなシャワーマットがはぎ取られるときのようなポンッという音」がはっきり聞こえたという。彼女はその味が気に入ったのだが、彼女にとってその経験の素晴らしさは味ばかりではなかった。つまり「それは私が今まで経験した中で最も親密な食事経験だった。かわいそうなタコにとっては最高の時間ではないのだが、私にとってはまるで食事経験を共有したかのように感じられるものだった」。

その最後の文からは、「かわいそうなタコ」が私の耳に響き、タコが自分の消費に参加したというロマンチックな概念には共鳴できなかった。あとになって、タコに関して私たちが交わしたやり取りの中で、カレッジは著書で明らかにした以上のより複雑な感情を語ってくれた。

私は、生物学や知性の研究に深く入り込む前に、まずはタコを食す行為やその伝統料理の世界を探索することから始められるように自分の研究計画を入念に立てた。私は認めるが、サンナクジ料理は確かにおいしく素晴らしい食事経験だった。もっとも、タコの知性や認知能力の高さを知ってしまった今となっては、再度注文するかどうかは分からない。

一方でこれらのタコが、さらに賢いであろう動物、例えば、産業化された施設で飼養されているブタよりも生死においてより人道的に扱われている可能性はある。つまり、タコの養殖はまだ研究開発段階にあるため、今日食品となるほとんどのタコは野生下で捕らえられている。さらに、タコが一般的な食品として育ってこなかったアメリカのほとんどの人たちにとって（私も確実にその一人だが）、タコは料理というよりは動物としてのイメージが先行するだろう。私がギリシャの小さな漁村で言葉を交わしたレストランの経営者やシェフたちにとって、タコで丸ごと一冊の本をまとめるという考えは、チキンカツレツに一冊を割くのと同じことで奇妙に思えたのだ。

タコを食べるという行為は、第1章で考察したコオロギ、バッタ、タランチュラを含むほとんどの食品の場合と同様に文化に根ざした問題だ。「タコの目の唐揚げが一番おいしいので、目をそらさないで」という提案にどう反応するかは、タコのことを主に海や水族館に住む賢い生物として認識してきたか、あるいは一般的な料理の一部と認識して育ってきたか（両方の場合もありうるだろうが）、または後天的に経験することになったかに影響される。それでも、完全に自然なことだと受け入れられている伝統をあえて精査してみようとするのは、私たちの中で最も新しく文化に接しはじめた子どもである。タコには頭があるのだということに気づきはじめたことで、ブラジルの三歳児ルイス・アントニオはタコを食べるという行為を真剣に考えはじめた。この心の中で描いた試みは結局、母親が彼に昼食として出したタコのニョッキを拒絶するという結末を迎える。

ビデオに記録されたこの幼い少年と母親との会話は、二〇一三年に世界中で有名になった。ルイスはまず皿に置かれたバラバラに切り刻まれたタコが実際の姿なのかと尋ねはじめ、そして母親からそうではないことが断言される。するとルイスはもっと具体的に「それはもう話もしないし、頭もないよね、そうでしょ」と聞く。母親は、頭はなく、ただ刻まれた足があるだけで、頭は魚市場に残っているといった詳しい説明を始め、私たちは他にもウシやニワトリを食べるために切り刻んでいると言うと、ルイスはなぜ動物たちはこのような死に方をするのかと抗議する。「私たちが食べるためよ」と母親は答えるのだが、満足しないルイスは、動物が死ぬなんて嫌だと言い放ち、「動物たちに長生きしてもらいたいんだ」と主張する。ビデオの最後で、息子の思いやりに感動した母は、顔の涙をぬぐいながら、米とジャガイモだけ食べなさいと息子に言うのだった。

生きたままの動物を食べるという伝統や儀式は別としても、タコは世界中で精力源というよりもむしろ一般的な食べ物として評価されている。ギリシャ料理やスペイン料理、イタリア料理、日本料理では、サラダ、焼き物、フライ、あるいはメインコースのゆでダコとして好まれている。ギリシャの一部の漁村では、干物用として日に当てられているタコの姿がよく見られる。一方、タコが親しまれる地域以外に住んでいる人たちが高品質のタコを求める場合、さらなる努力が必要となる。ニューヨークのブルックリンにはオクトパスガーデンという店があり、クリスマスイブにはイタリア系の人たちでとても混雑する。イタリア系の人たちの多くが「七種の魚介料理の晩餐」の準備をするからだ。この儀式の食事は、ローマ・カトリック教徒が教会によってその夜の肉食を禁じられた時代に始まったものである。魚介料理と聞くと魚が中心に思えるが、赤ちゃんサイズから八ポンド（約三・六キログラム）に至る様々な大きさのタコがこの晩餐会の呼び物となっている。

オクトパスガーデンは、タコ料理のための最先端設備を誇っており、そこには四万ポンド（約十八トン）もの冷凍魚介類を保存できる巨大なウォークイン冷凍庫や、死んだタコの肉をやわらかくするタコ洗浄機などが設置されている。タコ洗浄機は、タコを塩水に通しながらひっくり返したりして、三十分かけてその肉をやわらかくする。ニューヨーク・タイムズ紙で紹介された記事の写真は、冷凍ややわらかくする処理を施されたあとのタコが氷の台の上に累々と横たわる姿を示している。

無脊椎動物の王者

すでに述べたように、タコは無脊椎動物であり、より具体的には軟体動物である。私たちが二枚貝やカタツムリなどの軟体動物を考えるとき、炭酸塩鉱物でできた硬い殻が思い浮かぶ。しかし、軟体動物（mollusks）の語源はラテン語の mollis であり、それは「やわらかい」を意味する。タコはその特性を例示するものであり、貝殻も骨もない。さらに具体的には、同様にやわらかい軟体動物であるイカやコウイカと並んで、タコは頭足類（ギリシャ語の「頭の足」に由来する）であり、ときには体から墨を噴出する能力から「インクフィッシュ」と呼ばれることもある。二足歩行動物、空飛ぶ動物、魚のように泳ぐ動物とは異なり、これらの頭足類は、自らの体を縮めて漏斗状器官を通して水を噴射することで移動する。水のない地表にいるときには、タコは触手を使い、なかば流れるような、あるいは這うような動作で進む。

魅力的な楽しい事実が詰まっているタコは私のお気に入りの無脊椎動物である。タコはニワトリのように卵を産んで守るのだが、ニワトリとは似ても似つかない数量であり、ミズダコでは七万個もの卵を産む。彼らは三つの心臓から硫酸銅色を帯びた青い血を押し出す。一つの心臓で各々の臓器へ確実に血を送り、他の二つの心臓はえらを通して必要な場所へ血液を迂回させることに専念している。タコが占拠している生息地は広大で、深さ三千フィート（約九百メートル）の冷たくて暗い海底から、さらに深いが非常に高温の熱水孔の出口に及ぶ。タコは、骨のない体を絞ってかなり小さな隙間を通り抜けることができるが、その様子は、ナショナルジオグラフィックの撮影で、六十ポンド（約二十七キログラム）もある一匹のタコが幅の狭いアクリル樹脂製のチューブを遊び場として与えられたときに見られた。これほど大きなタコでも二十五セント硬貨大の穴を抜けることができるのだ。

最も魅力的なのは、自らの体をカモフラージュさせるタコの能力かもしれないが、それは見ていて驚くべきものであるばかりでなく、タコの脳に関するより多くの情報を明らかにしてくれる。ここでも、その証拠を見届けるのが最善のことであるが、研究者のロジャー・ハンロンのビデオがその瞬間をとらえている。すなわち、私たちが海底の植物のくすんだ色彩をじっと見ていると、それが一瞬で白くなり、次に白と褐色のまだら模様になって、そして突然タコの体がはっきりと現れる。タコはずっとその植物にくっついていたのだが、見事にカモフラージュしていたのだ。その個体をしばらく追っていたハンロンは、タコが通常色に戻る一瞬を撮影したのだ。

私は「一瞬」と言ったが、ほとんど誇張していない。タコが完全に変化するのに要した時間はたったの七分の一秒だった。このカモフラージュは何らかの反射的反応ではなく、神経の処理と意思決定による行為だとハンロンは説明している。タコは、自分の体が置かれている基質を評価したあとでなければ、形状、色、肌理(きめ)、模様を変えることはない。ハンロンはタコの頭足類の仲間であるコウイカを使って、実験室でこの観察を繰り返した。同じ記録ビデオの中でハンロンは、内側に三種類の人工模様をあしらった容器に一匹のコウイカを入れた。最初の容器は白一色、他の二つは白黒のチェック柄で、そのうちの一つはコウイカの大きさに比して小さい柄、もう一つは大きい柄のものにした。するとコウイカは即座に各々の背景の違いを判定し、ハンロンが呼ぶところの均一(無地)、まだら(小さなチェック柄)、分裂的(大きなチェック柄)の三つのうちの一つを模倣した。ハンロンはこれを認知的行動と呼び、コウイカの神経活動が目に見えるかたちでこの動物の肌の上に現れているものだとしている。

海洋生物学者たちは長い間、タコのほぼすべての社会的行動は、交尾や卵を守る行動など繁殖活動に関係するものだと考えていた。『タコ──知性ある海の無脊椎動物』(*Octopus: The Ocean's Intelligent Inverte-*

brate）の中でジェニファー・メイザー、ローランド・アンダーソン、ジェームズ・ウッドは、ピュージェット湾内のシアトル沖合すぐの所で卵を産んだミズダコのオリーブの行動を記述している。オリーブは湾内の木の堆積物にくっつけて巣を作り、二つの入り口の深い方を石でふさいだ。この配置は、オリーブが地元ダイバーから非常に目立つことを意味したが、仮に代理的体験であったとしても、タコの繁殖を間近で見たいと願う者にはありがたい恵みだった。

ダイバーたちはまず二〇〇二年二月二十五日に、オリーブの卵が堆積物の下面に巨大なひも状になって付着していることに気づいた。卵の数は調査されなかったが、オリーブの六十ポンド（約二十七キログラム）の体の大きさからして、ミズダコの卵の平均数である七万個は超えていたと考えられる。メイザーと共著者たちの報告によれば、オリーブが「卵に水を吹きかけ、腕の先でなでている」行動がそのあと数週間見られたとのことだ。では、オリーブは面倒見のいい頭足類の母親だったのだろうか。この状況ではその通りだ。彼女はその夏、卵を守り、捕食者を撃退し、自らの行動をはっきりと変え、エサを獲りに巣を離れることもなかった。

産卵から二〇九日目の九月二十二日に最初の孵化が見られたときには、オリーブは強く水を吹きかけ、巣から孵化する子どもの多くを追い立てた。その時点でオリーブの色は白くなり（このタイプのタコとしては良い兆候ではない）、明らかに健康は悪化し、見た目でも確認できる潰瘍を患っていた。卵の孵化はハロウィンまで続き、そして一週間後の十一月七日、オリーブは死んだ。

この頃までに、少なくともシアトルの周辺では、オリーブは一匹の有名なタコとなっていた。彼女の死は悼まれ、アメリカ人にとっての異国情緒のある食べ物としてではなく、頭足類の一個体として、自分自身の目標と動機を持つ一個の生き物として、人々はその生と死に対応した。同時に、タコの生態は私たちの評価基準に沿うべきものではなく、オリーブの子どもたちが母の早すぎる死による心的外傷を抱えるわけでもない。オリーブの死のタイミングは完全に自然なものであり、これがタコの生涯のサイクルなのだ。雄は交尾直後に死に、雌は卵がかえるとじきに死を迎える。

私は、タコには激しい母性保護が存在する（そして対照的に父による世話はまったくない）ことを主張しておきたい。それは明らかに出生前のみのことであり、タコの長年の進化によって生じた現象であるが、私たち哺乳動物にはまったく不思議に思えるかもしれない。いったん孵化すると、タコの赤ちゃんは卵黄嚢に含まれる栄養素で最初のうちは生き、じきに彼らは自分でエサを見つけなくてはならなくなる。その時点から彼らは多くの場合、交尾のときまでずっと単独で暮らす。

しかし、タコは私たちを驚かすことに長けている。二〇一六年、オーストラリアのジャービス湾の浅い海域で研究されていた小型種（コモンシドニーオクトパス）の行動記録が、頭足類科学の世界を震撼させた。それは、繁殖以外の広範囲にわたる社会的行動の証拠であり、デイビッド・シェール、ピーター・ゴッドフリー・スミス、マシュー・ローレンスによってカレントバイオロジー誌に発表された。すなわち、タコは色の変化を単独のカモフラージュや反捕食者への戦術としてではなく、社会的な意思伝達の手段としても使っているというものだった。ときにタコたちは、研究者たちが「堂々とした振る舞い」と呼ぶ動きを見せる。腕を伸ばして頭を上げ、腕を広げ、外套膜を上げ、体色を黒く変化させるのだ。この動きは、一対一の誇示行動の一部として観察された。そしてその最も魅力ある点とは、「体色を黒くさせたタコが他のタコに近づいたときの相互作用として、相対するタコが同じ色合いで対応した場合には取っ組み合いに発展する傾向が強く、体色の濃いタコが近づくと体色が薄いタコは退却したことだ」。シェールと共著者は、意思伝達という文脈を除いて、黒い色が生理学的な意味で攻撃性に結びつくものであるとする合理はないが、高度に社会的なシグナル伝達が行われていると指摘している。

タコは巣穴で確かに単独生活しているが、これから見ていくように、その巣穴を革新的な方法で構築またはは改造したりする。雄が雌に近づくと、雌はときに自らの巣穴に隠れてしまうのだが、これは交尾のための気の利いた作戦なのだ。私のお気に入りのビデオの一つに、インドネシア海域でカリフォルニア・モントレー水族館のクリスチン・ハッファードによって撮影されたものがある。このビデオではタコの別種の驚きの行動が明らかにされている。一匹の雄のウデナガカクレダコが一つの巣穴に向かって腕を伸ばすのだが、近くにいるのは雌でないばかりか、巣穴に隠れる雌を守っている大型の雄であると分かった。巣穴を守っていた雄は攻撃のために堂々と立ちはだかり、十六本の腕がもつれ合う。二匹の雄の戦いは、侵入者が墨を吐いて必死に逃げるまで続く。

私がこの驚くべき雄をブログで紹介したところ、キャサリン・ハーモン・カレッジは雄が巣穴に近づく際に慎重を期すのには正当な理由があることを教えてくれた。種は別なのだが、一つの顕著なケースでは、体が大きなタコの雌は交尾行動の終わりにパートナーを絞め殺したという。雌はそのあと巣穴に死体を運び、海洋生物学者たちが考えるところでは、そこで雄を食べたはずだ。タコは共食いを行う動物であり、そしてこうして得たタンパク質を体内に貯めるわけだが、これはおそらく彼らがときおり行う自食行為の説明にもなろう。

タコが多くの場合、単独でいるのも不思議ではない。タコの知性に関する最も鮮明な説明は、単独行動を目撃した研究者から報告されている。一九八〇年代に溯るが、バーミューダ海域で、ジェニファー・メイザーは午前六時から午後六時まで二匹のタコを集中的に観察していた。雄か雌かは分からないが、その対象の一匹が巣穴にいて、メイザーにはその区域を掃除しているような腕の動きに見えたが、その前にこのタコは獲物を捕らえていて、食べていたのだ。その後、タコは立て続けに三回海底まで泳ぎ、小さな石を集めて巣穴の入り口に落とした。それで家事も一段落とばかり、タコは巣穴へと向かって寝た。それはメイザーにとって「なるほど」と思えた瞬間だった。では、どうしてだろう。

メイザーは、タコは入り口が小さな巣穴を選ぶ傾向があることをすでに知っていた。しかし、このタコはそのような選択はしなかった。むしろ入り口が小さな巣穴を思い描き、目の前の入り口をそのイメージに合う大きさに狭めるための道具として石を使ったのだ。メイザーはのちにこの「吸盤を持つ賢いもの」はその日の行動において、「求め、計画し、評価し、選択し、作りだして」いたのだと書き記した。当時、この単純なタコの道具使用の観察事例は、二〇〇九年のココナッツを運ぶタコの報告に匹敵するほど画期的なものだった。

ニューイングランド水族館で飼育されていたタコのトルーマンは、逆の方向へと向かうタイムトラベルを実践してみせた。メイザーが観察したタコは将来に向けて計画を立てていたのだが、トルーマンは過去を覚えていた。というのも、このタコには気に入らないボランティアスタッフが一人いた。トルーマンは自らの体を脈打たせ、水を押し出すために使う漏斗状器官からそのスタッフに向けて海水を吹きかけて何度もびしょ濡れにした。そして、トルーマンによる不快な仕打ちを受けた者は他にはいなかった。そのスタッフは大学での学業に戻るため水族館を去ったのだが、数か月後に再度訪れると、またもやびしょ濡れにされた。トルーマンは忘れていなかったのであり、実際、そのスタッフを見た瞬間に噴射したのだ。

めったにありえないことだとしても、タコの中には社会的な事項に関して互いに学べるものがいるのだろうか。一九九二年、サイエンス誌にある論文が掲載され、実験室の状況下では少なくともその可能性があることが宣言された。グラツィアーノ・フィオリトとピエリト・スコットはマダコにおいて、訓練を受けていない観察者のタコが、この課題の訓練を受けた同種のタコの実演を見ることで、赤と白のボールの識別を学習したと報告した。その学習反応を比べると、同じ問題を自力で解決するために古典的な条件付け技術によって訓練されたタコよりも、この状況下に置かれた観察者としてのタコの方が有意的に速かった。

フィオリトとスコットは、模倣行為を無脊椎動物の注目すべき偉業とみなした。しかし私は彼らの論文を読み、その実演をしたタコたちが訓練を受けた方法に心を痛めた。というのは、試験で赤いボールが正しい選択であった場合には、その色を選んだタコには、タコからは見えない裏側に付けられた魚の切り身が与えられたのだが、逆に白いボールを選んだときには電気ショックが与えられたからだ。この実験は四半世紀前に行われたものだが、私はこの方法が今日では採用されていないことを願う。

頭足類の研究者の中には、タコが正しい色のボールを選択するために、実験を行った研究者がヒントを与えていたのではないかと考える者もいる。私もボールに付けられていた魚のご褒美が、タコの目には見えなくても、情報を求める腕によって感づかれたのかもしれないと考える。

いずれにせよ、自然環境の中でタコたちは確かに周りの世界で他者がしている行動に注意を向けているし、それゆえ、ある程度の社会的学習が行われているのだろう。私が解釈する海洋生物学者たちの意見の総意とは、タコの生活方法が全面的ではないとしても大方において、主に単独個体として学習するのに有利に働いていて、すなわちタコの驚異的な知性は主として個体としての世界に対する知覚的な関わり、および彼らの目や腕に常に入ってくる情報から学習する能力の上に構築されているということだ。

用心深く主体的感覚性を持つもの

フィオリトとスコットによるタコの社会的学習研究の五年前（つまり一九八七年のことなのだが、タコの行動を理解しようとする科学的探究においては、かなり早い時期であることを念頭に置いてほしい）、シアトル水族館のボランティアスタッフは自分たちが世話をしている三匹のタコに、ルクレチア・マクイーブル、エミリー・ディキンソン、リージャー・スート・ラリーという名前を付けた。それはジェーン・グドールが、野生のチンパンジーを番号ではなく名前（フロー、灰色髭のデイビッドなど）で呼ぼうとした戦いに勝利してから二十五年以上も経った頃だったが、それでも無脊椎動物を名前で呼ぶのは確かに定石から外れたことだった。ボランティアスタッフは、ルクレチアが水槽の中では荒れ狂う自然の猛威を彷彿とさせる力の持ち主であり、引っ込み思案のエミリーは詮索好きな周りの目から隠れ、ラリーは彼がもし人間なら過剰な接触行為によってセクハラと認定されるくらい「厚かましい」振る舞いをすることに気づいていた。ボランティアスタッフは鋭い眼識力で世話する動物を観察することで、のちに海洋生物学者たちが対照実験を通して実証することになる、ある直観に思い至るのだった。すなわち、タコの個性にはかなりの幅があるということだ。しかし、私にはタコに関する詳細な研究を、昆虫やクモに関するものほど多くは見ることはできなかった。

海洋生物学者たちはその代わりに種全体に存在する異なる行動傾向を報告している。自らの大型霊長類の観察を通して全体的傾向としてオランウータンはより冷静で、チンパンジーはより激しやすく、ゴリラはその中間ほどであることが私に分かっているように、海洋生物学者たちはマダコはミズダコよりも戦闘的であるとみている（少なくともこれは平均的な傾向であり、例外は常にあるのだが）。しかし一つの種の中に存在する違いの方がより興味深いものだ。この種の中の違いはタコにおいては四次元的な多様さで起こるようで、例えば、積極的な関与、攻撃性、回避—無関心傾向などがある。タコを試験管ブラシで突くとどうなるだろうか。恐れからすぐに逃げるタコもいるし、その際に墨を噴射するものもいるだろう。真っ向から挑戦し、ブラシを掴んで引っ張るタコもいるだろう。私たちがタコの行動を表現する際、オリーブの卵の世話にしても、海底の巣でライバルを追い払って巣を守る巨大な雄の攻撃性にしても、これらの個体ごとの反応の特質や性質は一般論としてはうまくまとまらない。それは、あなたが飼っているイヌ、ネコ、ウサギの遊び行動が、他の個体の追いかけ方や飛んだり跳ねたりする仕方には当てはまらないのと同じである。

タコがエサを獲ったり隠れ家を作っているときには、確かに知性あふれる様子で自己表現しているのかもしれない。しかし、私たちが論じている動物は無脊椎動物なのだ。彼らに主体的感覚性があるという確固たる証拠など存在するのだろうか。

インターネット上で公開されているビデオに「タコに麻酔をかける方法」というものがある。これは難解な技術を明らかにしているのだが、重要なこととして、タコを無意識状態にする方法が提示されている。その研究では、マダコに麻酔薬のイソフルランを投与すると完全に意識をなくすことが示されている。タコが意識を失ったときをどのように見分けることができるのだろうか。一分間のビデオクリップをよく見ると、被験者のタコは海水に浸されるとまず色が薄くなり、そのあと水中にイソフルランが適度な濃度で投与されると、そっと突いても反応しなくなる。一時間以内に新鮮な海水に戻されると、タコは色彩と感覚、すなわち意識を取り戻す。

二〇一四年のタイミングでこの研究が行われたのは偶然ではない。その前年にＥＵによって、科学研究目的で使用する際には頭足類は人道的に扱わなければならないとの宣言が出されたのだ。頭足類はこのようにして保護された唯一の無脊椎動物なのだ（昆虫は確かに保護の対象とはなっていない）。研究時に動物が確実に痛みを感じないようにするため、麻酔薬使用による実験が実施された。鋭敏でよく張りめぐらされた感覚器官を考えれば、タコが痛みを感じることはおそらく特に画期的な結論ではないだろう。しかし注目していただきたいことは、この人道的宣言の出所がヨーロッパであることだ。すなわち地球規模のものとは程遠いのだ。それでも、動物の意識に関するケンブリッジ国際宣言では確かにタコが選ばれた唯一の無脊椎動物だと繰り返し述べられていることは、このような概念が広がりつつあることを示しているのかもしれない。そうだとしたら、二〇一四年にニューロサイエンスレターズ誌で発表されたアメリカを拠点とした以下のような研究の類は、もはや私たちは見ることもなかろう。生物学者のジーン・S・アルペイ、スタブラス・P・ハジソロモウ、ロビン・J・クルックは実験室で五匹のウデナガカクレダコの腕に傷を負わせたが、ときにはタコ自身が腕を放棄する自切と呼ばれる結果になった。「苦痛を伴うことなく腕の確保が可能となるように」タコは除脳され（つまり大脳は除去され）、そしてその腕は電極による刺激を受けた。しかしこれらの実験で踏まれた手順が、発表された論文からは私にははっきりしないし、論文のどこを見ても腕の「確保」前後でタコがどうなったのかを読み取ることは困難だ。

刺激が加わると、すべてのタコが墨を吐いて急いで逃げ、すぐに傷をなめて直そうとする行動を見せた。切断後の腕の基部や押しつぶされた場所を口でくわえ、二匹の個体ではこの動作が少なくとも二十分間続いた。しかしこの六時間の行動テストでは、どのタコもそれ以上続く傷なめ行動は示さず、機械的に刺激を与えても再誘発されることはなかった。その代わりに負傷した跡は縮んで体に密着し、一部

（三匹）のタコは隣接する腕を負傷部位の周りに巻きつけた。この防御行動は傷を負った腕を刺激することでさらに大きくなった。

驚いたことには、アルペイと同僚たちはこの研究活動から、タコが痛みを感じているとは結論付けていない。なぜなら、観察された反応はいずれも痛みを示すものとしては不十分、あるいは無脊椎動物における痛み反応であることが分からないからだという。私は科学的厳密さには大賛成であり、無脊椎動物が脊椎動物と同じようには痛みを処理できない可能性があるのは事実である。しかしそれにしても、これらの鋭い兆候について、仮にそれが科学研究におけるタコの使用に関する規制を知らしめることを意図した実験であったとしても、これらのタコの反応が研究者の手にかかり引き起こされる痛みをこれ以上経験したくないと願う動物から発せられるものだと読み取ることが、そんなに難しいものなのだろうか。

また肉体的な側面だけでなく、タコの苦痛に対する心理的側面も注目に値するものであり、そうすることはタコの主体的感覚性の存在を物語ることにつながる。生物学者のジーン・ボールと彼女の下で学ぶ学生のマリー・ビーゲルは、好条件で刺激が多い環境に置かれたタコと、悪条件で刺激が少ない環境下のタコの反応についての比較試験を行った。カリフォルニア・ツースポットダコを被験者として用い、ボールとビーゲルは二種類の透明なアクリル水槽を作り、水槽内のタコが互いを近くで見ることができるように実験室に配置した。悪条件の水槽には、巣穴にはなりうる大きさのものを含むいくつかの植木鉢、石、ビーズ、貝殻などのオブジェが入れられた。好条件の水槽は悪条件のものの二倍の大きさがあり、同じオブジェに加え、砕かれたサンゴの低床材、いくつかの植物が入れられ、そしてタコの目の保養としてベラ（魚の世界では認知能力に長けるスター的存在であり、私たちは第3章で参照する）が泳ぐ小型水槽が隣に設置された。

六匹のタコはまず悪条件の水槽で二週間暮らし、そのあと好条件の水槽で同じ期間暮らし、最後にまた悪条件の水槽に移されて一週間を過ごした。するとタコは、自分に合うものと合わないものを体色変化のメカニズムなどで研究者に知らせた。刺激が少なく狭い水槽の場合、タコは不幸であることを示す薄く白っぽい体色に変化したり、怒りとの相関が知られている体色がぱっと現れる変化が頻繁に起きた。そして、明らかにストレスを受けてか、水槽の壁に体当たりし、それは好条件の水槽にいるときよりも三倍頻繁に観察された。また、水槽内に入れられたオブジェに反応する頻度も低かった。研究用のデータ収集期間外でも、研究者たちは悪条件の水槽には大きなストレスがあることに気づいていたのだが、そこではタコは自分自身の腕を食べてしまった。この行動は自食行動と呼ばれるものだが、良質な環境では幸いなことにまったく見られなかった。私の考えるところでは、それは次のようなことを物語っているのではないだろうか。つまり、タコがつまらない水槽を二回目に経験したときに最悪の自食行動が起きたわけだが、より豊かな刺激の多い環境で過ごしたあとでは、小さくて退屈な水槽に適応するのが困難であったということだ。

私は、ボールとビーゲルの実験を読み終えたばかりの二〇一五年三月に、バージニアビーチの有名な臨海地に近い立地のバージニア水族館・海洋科学センターを訪れた。私の場合のようにのんびりとした家族的な訪問でも、この水族館はその名が示すように科学と保全を志向していることが見てとれる。様々な種類の魚とともに優雅に泳ぐ（アカウミガメ、アオウミガメ、ヒメウミガメなどを含む）巨大なウミガメの大水槽の近くには、生まれたばかりの魚類のためのガラス張りの育児室があり、来館者はとても小さなウミガメが育てられ、集中的な世話を受けている様子を観察することができる。別棟では、三匹の雄カワウソが水中で宙返りしたり、コンクリートの岩に登って互いに毛繕いをしたり、そこを滑り降りて水面を泳ぎ、楽しい遊び道具で戯れる姿を見ることができる。それとは対照的に、水族館で一匹だけの大西洋ダコ（マダコ）は、見たところかなり浅い窪みしかない巣が特徴的な小さな暗い水槽の中で吸盤をガラスの窓にくっつけて、動かずにじっとしていた。そこには楽しい遊び道具は何も見当たらなかった。

飼育下の動物にとっては同種の仲間が最も楽しく貴重な「遊び道具」であると繰り返し教えられてきた私は、このタコの生息場所を見て心配になった。それでもこれらの頭足類が有する単独性に鑑みると、タコが単独でいることにも意味があるのかもしれないと思い直した。それにしても、なぜこんなにも小さくておもしろみのない環境なのだろうか。私はその疑問について、水族館の上級管理主任者兼潜水作業監督のベス・ファーチャウに電子メールで尋ねてみた。すると彼女は、水族館のスタッフたちはタコが受ける刺激に変化をもたらすよう水槽から遊び道具を出し入れしていて、その過程でときには水槽内にあえて何も入れないときもあり、そのような変化を意図的に繰り返していることを説明してくれた。おそらく私が訪問したときは偶然そのおもしろくない日に当たっていたのだろう。しかしそれによって二重の意味でせっかくの機会が無になってしまったと感じられた。つまり、まずタコには刺激となるものが何も与えられる機会がなかったこと、さらには飼育動物の福祉を向上させる取り組みについての説明看板があればよかったのだが、それがなかったことで動物を愛する人々に興味をもってもらう機会が失われたことだ。ファーチャウはさらに「毎日かなり頻繁に、例えば一日二回といった頻度で、飼育員は福祉向上のための創造的な活動にタコを関わらせていて、その謎解き能力を試したり、筋肉を使わせたり、展示物に対しての自発的な探検行動を促している」と説明してくれた。

二か月後、私はファーチャウの好意により、夫のチャールズ・ホッグとともにまさに大西洋ダコの福祉の向上に関わる現場を観察できた。私たちは午前十時の開館時間に間に合うよう到着し、バックヤードでファーチャウと飼育員のエバン・カルバートソンに合流した。そこで私は自分が心配していたものの一般公開は三分の一ほどに制限されていること、百二十ガロン（約四百五十リットル）の水槽は飼育員のチームがバージニア沖すぐにあった野生タコの巣を訪れたあとに設計されたことを知らされた。この地域にはタコの生息場所として適した自然石のがれきがあまりないため、ここのタコはしばしば捨て石や灯台のような人工物の近くに巣を作る。大西洋ダコの水槽は、控えめな照明やタコが身を隠すことができる窪んだ場所が設置されているのが特徴である。ファーチャウは、タコが安全でストレスを感じないことが重要なのだが、来館者に見てもらわなくては始まらないわけであり、動物福祉と観察のしやすさとのバランスが最重要だと強調した。

水族館のスタッフはこのタコを「それ」と呼ぶが、雄が雌の体内に精子を注入するために使う特殊な腕が明らかにないことから、ほぼ確実に「彼女」なのだろう。ノースカロライナの海域で野生捕獲された彼女は、外套膜の大きさからしておよそ三歳と推定される。もう老齢であり、一生の終わりに近づきつつある。

このような基本的な情報が共有されると、カルバートソンは仕事に取りかかった。その日の早朝のうちに彼は水槽の掃除を終えていたのだが、それは、タコが彼の体や道具に触れることでタコの触感を高める役割も果たす、二重効果がある作業なのだ。カルバートソンはランダム化されたコンピュータープログラムを用いて、その日に使う福祉向上のための道具を決める。その日は、機械じかけタイプの色鮮やかな長円形の「はめ込み式ブロック付きハムスター用チューブ」が選択されたのだが、それは小さな穴が開いていて、そこからご褒美のエサ（皮をむいた小エビ）やオブジェ（基本的には小さなおもちゃ）が入れられるものだった。

カルバートソンが水槽にそのチューブを置くと、タコはすぐにそれを水の深みへと引っ張り、自分の体で「テントを張るように」覆いかぶさり、触手で穴を探りはじめた。私たちは、神経細胞が点在している触手があらゆる種類のデータを取り込もうとして、情報収集行動のダンスをするのを見ていた。三十分間ぶっ続けで、タコはチューブと中に入ったエサ、オブジェのご褒美に夢中だった。あとで私は、タコがおよそ三か月間ハムスター用チューブを与えられていなかったことを知ったのだが、このオブジェがかなり新しいものに見えたことでタコの興味が増大したのだろう。じきにタコはチューブをこじ開け、ご褒美を操った（あるいは食べた）。彼女の動作は私には目的を持ったものに見えた。また彼女の色素胞も活発化し、赤色から濃い赤へと変化したが、私たちにはそれが興奮状態を示すものだと見てとれた。夫や私にそのような能力があったなら、おそらく私たちも色を変えていただろう。それほど、実際に思考する動物を観察できたことは、私たちにとって心躍る体験だったのだ。

三十分の目盛りをちょうど過ぎたあたりで、タコはチューブを離し、ゆっくりと去っていった。私たちはカルバートソンにこの実験の展開をどう思うかと尋ねた。すると彼は、各々に厳密な行動基準が割り当てられた五点法の評価法を用い、タコの興味の項目に五点を、また一般の来館者からタコがはっきり見えるかどうかの項目に同様の五点という最高点を付けた。三か月に一度、タコの担当チームはこの種のデータを用い、どのオブジェが福祉の向上に効果的かを評価し、効果がないものは次のローテーションから外している。

私は複雑な感情を抱きながら水族館をあとにした。というのは、タコ自身には感銘を受けたし、飼育員たちのタコの福祉向上への貢献度の高さには感心させられたのだが、同時にタコが自然の海域から引き離され、水槽内で生殖活動もできないまま短い生涯を送っていることに愕然としたのだ。

その同じ週、私がタコのことで頭がいっぱいになっていると、ナチュラリストで作家のサイ・モンゴメリーの著書『愛しのオクトパス—海の賢者が誘う意識と生命の神秘の世界』（*The Soul of an Octopus*）が世に出た。ボストンのニューイングランド博物館でモンゴメリーは飼育員のチームに参加し、継続的にタコの観察を行い、タコに関わった。このようにして彼女は、アテナ、オクタビア、カリ、カーマといった名前のタコと知り合った。モンゴメリーは、「彼らは私の人生を永遠に変えることとなった。私は彼らが大好きになったし、これからもずっと愛し続けるだろう。考え、感じ、知るとはどういう意味なのか、それをより深く理解するという偉大な贈り物を私にくれたからだ」と記している。これは私がかつて読んだものとは異なる目的を持つ本だった。その目的とは、タコの行動、知性、感情に関する科学的な真実を伝えること、しかも、あふれる情熱と感動の心を持って伝えることなのだ。私は本書をむさぼるように読み、イギリスの書評誌『タイムズ文芸サプリメント』で論評し、友人たちのために購入もした。

モンゴメリーは野生タコの観察のために、フランス領ポリネシアのモーレア島沖で潜水もしたが、観察の多くは飼育下のものだった。ブリティッシュコロンビアで野生状態で捕獲され、フェデックスでボストン水族館に運ばれたミズダコのオクタビアはモンゴメリーが最もよく知ることになったタコだ。あるとき、オクタビアとモンゴメリーは一時間十五分にわたり寄り添っていたが、これは明らかに互いに触れ合うことで喜びを感じることを示している実例だ。モンゴメリーの報告によれば、「私は彼女という存在に夢中になって、我を忘れて彼女の頭、腕、水かき膜をなでた。彼女の方も私に心を配ってくれていたようだった」。モンゴメリーはオクタビアが数千個もの卵を産んだときの様子を興奮の面持ちで語っている。「黒っぽいまだらのあるオクタビアは輝くばかりに美しく、絵に描いたように健康で勤勉な母親だ。彼女

卵を守るオクタビア（写真提供：ティアン・ストロンベック）。

は卵の塊を一本の腕でゆらし、まるで公園のベンチに座ってベビーカーをゆすっている母親のようだった」。この記述にふれ、シアトル海域におけるオリーブの行動が私になんと懐かしく思えたことだろう。しかし、オクタビアの卵はオリーブのものとは異なり、生気のない無精卵で、孵化はせず、飼育員たちに生命の兆候を少しも感じさせることはなかった。雄と交尾する機会もなく、オクタビアは野生の雌ダコのように、母になり間もなく死を迎えるという、はかない経験もすることはないだろう。

モンゴメリーは、娯楽や教育という目的のために彼らを自然の海の故郷から引き離し、閉じ込めて展示する行為につきまとう倫理的問題の存在を認めている。彼女は、カリという名の新入りの若いタコが、おそらくオクタビアが死んだ時点でメイン水槽に移される自分の番を待ちながら、五十五ガロン（約二百リットル）の狭い樽の中で展示もされずに置いておかれるということに関しては懸念を抱いている。「この若くて成長過程にあるタコが、こんなに小さくて退屈な空間で元気でいられるのだろうか」。この答えはわざわざ自分の心を見つめなおさなくても分かることだ。

オクタビアに関して言うなら、モンゴメリーは水族館における不自然な長寿命によって彼女が得たものと失ったものに注目している。「野生下で生きていれば、カーマに起きたように捕食者に体の一部を食いちぎられたり、足をバラバラに裂かれて生きたまま食べられたり、彼女は毎日毎時間危険にさらされていただろう」。水族館での閉じ込められた生活にはマイナス面もあるが同時にプラス面もある。モンゴメリーが知ることとなる上級飼育員の技術や思いやりも注目に値すべきものであり、バージニア水族館での私の経験を思い起こさせる。

懐疑的な見方をする人たちは、モンゴメリーがタコ類を明らかに崇拝していることから、彼女がタコのすぐれた知性を記述する際の客観性に影響が出てしまうのではないかと懸念するかもしれない。しかし私はそうは考えない。モンゴメリーの著述内容は、（普遍的意識や創造主に思いをめぐらすときには科学の領域を離れることがあるなど）少数の例外はあるが、ほとんど海洋生物学者の報告そのものだ。ジーン・ボールの研究室では、タコはエサとして新鮮な冷凍イカを好んだ。あるとき、ボールがあまり新鮮でないイカを配ると、世話をしていたうちの一匹のタコが興味深い行動を示した。各水槽にイカの切れ端を落とし終え、大型の雌ダコが入れられた最初の水槽に戻ると、そこにイカの切れ端は見当たらなかった。しかし、そのタコはボールを直視し、水槽の奥に行ったかと思うと、体の下に隠していたものを、つまり新鮮ではないイカを水槽の排水管に向けて力いっぱい投げつけたのだ。このエピソードを私に語りながら、キャサリン・ハーモン・カレッジは、大方は非社交的であるタコの性格に照らすとこの行動がいかに「奇妙」なものかを指摘した。「アイコンタクトを通してでも、とにかくタコが私たちと関わり合うことがあるという事実は、素晴らしくかつ不思議なものであり、これがタコの神経学上の複雑さおよび認知上の柔軟性を示すものだと私には考えられる」。もちろんこのことをすべて調べ上げるためには、私たちには適切に管理された実験が必要だ。しかし、タコとのこれらの単純で日常的な関わりは、私たちがどんなことに注目し、何を探求すべきかについて、多くのことを教えてくれる」。

この章の前半で、タコは親切な実験担当者と嫌な実験担当者を識別するというボールの見解を引用したが、実際、同じことはすべての頭足類にも当てはまると彼女は言う。「タコ、コウイカ、イカの認知能力を区別する客観的な根拠を見出すことはできないものの、彼らの私たちへの関わり方に基づいてのことだろうが、彼らに対する人々の反応ぶりや予想にはかなりの違いがある。タコは物事に対する注意の払い方や扱い方においてとても人間に似ているもので、コウイカもあらゆる点で同程度の能力があるものと考える。しかしイカもコウイカやタコと同様の神経器官を持ち合わせているが、魚のように素早く泳ぎまわるため、私たちはイカを日常的に過小評価している」。ボールが魚に関して指摘する点は、私が第3章で提示する内容と完全に合致するものだ。私はその第3章において十分な根拠もないままに魚を低く評価することは避けるとともに、この第2章でも近い姻戚関係にある仲間よりもタコを上位に格付けしてしまう傾向を回避したい。しかし現時点では、頭足類の賢さや主体的感覚性に関する根拠は、コウイカやイカよりもタコの方がはるかに入手しやすい状況にある。

私たちが理解していることは以下のようなことだ。すなわち、意識を有し、思考し、戦略を立てるタコは周囲で起きていることを評価し、その評価に応じて楽しげな、あるいはその逆の気分を私たち陸上の脊椎動物が見ても分かるように明瞭に表明する。しかし残念なことに、私たちがそれを分かろうと努力をすることは滅多になく、半時間のおいしい味覚の楽しさを提供してくれるごちそう、あるいは一風変わったところではスポーツチームへの忠誠心を表すツールとみなしてしまうのだ。

ホッケーのパック

二〇一〇年、贔屓チームのプレーを見るためにミシガンからフェニックスへ車で向かう、二人のデトロイト・レッドウィングスのホッケーファンの頭の中にあったのは、タコの知性、個性、主体的感覚性でなかったことは明らかだ。観戦準備として彼らは赤いシャツを着て、ボードメッセージを用意し、試合後に「ビール」を飲むことを計画していた。また彼らはビニール袋にタコの死体を入れた。ホームビデオでは、男性の一人はそれを「小さな赤ちゃんたち」と表現し、試合中の氷上に投げ入れるんだと有頂天ではしゃいでいる。

デトロイトでのホッケーの試合におけるタコ投げの伝統には半世紀以上の歴史がある。それは一九五二年四月十五日、スタンレーカップの優勝決定戦で始まったのだが、どの動物でも良いというわけではなかった。というのは、当時はスタンレーカップで優勝するためには八回の勝利が必要で、八つの腕を持つ動物が理想的だと考えられていたからだ。レッドウィングスがその年に優勝したことで、そのタコの運命を敗退したチームのマスコットのものとして封じ込もうというものだった。投げられるのは赤ちゃんのタコだけではない。ナショナルホッケーリーグ（ＮＨＬ）の報告では、五十ポンド（約二十三キログラム）ものタコが氷上に投げ落とされたこともあるという。

二人のファンのホームビデオが示すように、デトロイト対フェニックス戦の第三ピリオドでは、男たちは試合が進行している最中に何とかタコを投げ入れることができた。その後、警備員により男たちは連行されたが、それを見た観客の反応は歓声や拍手喝采、ハイタッチなど様々だ。その後のシーンでは、勝利に沸き立つ中、解放してもらうための保釈金を彼らが支払っているところが映し出される。ＮＨＬは選手の安全確保のため氷上への「物」の投げ入れを禁止している。伝統というブランドを守るためには支払うべき代価があるのだ。

ここで私は、ピュージェット湾で必死に自分の卵を守ったオリーブのことを思わず考えてしまう。ホッケーリンクの氷上に投げられた、あるいはクリスマスイブの客たちを待ちながらニューヨークのオクトパスガーデンの氷上に置かれている赤ちゃんのタコたちも、誕生前は大切に育まれたはずだ。幼い時点で自分だけにされて、彼らは何とか生き延びたが、それも一時の間だったのだ。

もしどこかの食の事業家が思いのままに自らの計画を推進すれば、近い将来、卵の段階からのタコの大規模養殖が実現されることだろう。カナロオ・オクトパス・ファームの社長兼ＣＥＯのジェイク・コンロイは二〇一五年、ハワイのある新聞でこのように語っている。「タコは魅力ある動物であり、ほとんどの水族館にいるが、それは単なる観賞用の飾りにすぎない」。彼の目指すところは「タコを食料用に提供できる規模まで推し進める」ことだ。私はそうなってほしくはないのだが、もし彼の展望が実現すれば、狭苦しい水産養殖用水槽に閉じ込められている数百万もの魚たちに、地球上最も賢い無脊椎動物がじきに合流し、それはおびただしい数になることだろう。

第3章　魚

温暖なサンゴ礁水域に生息するハタ科に属すハタは、ドクウツボやメガネモチノウオ（ナポレオンフィッシュ）と共同で狩りをすることがある。この三種による共同作業によってハタの狩りの成功率は上がるのだが、その精巧さに私は唖然とした。動物学者のアレキサンダー・ベイル、アンドレア・マニカ、レドゥアン・ブシャリーの説明によると、ハタが猛スピードの泳力で獲物を追い回すことをきっかけに、ドクウツボはサンゴ礁の狭い隠れ場所に細い体で泳ぎ込み、メガネモチノウオはその強力な顎で獲物を吸い出したり、周りのサンゴ礁の土台を壊したりするという。なんと手ごわいハンティングチームだろう！

率直に言って、アフリカの高等霊長類におけるジェスチャーを介したコミュニケーションを研究してきた者としては、隠れている獲物の存在をウツボやメガネモチノウオに知らせることなど、ハタにできるとは思ってもみなかった。洗練されたコミュニケーションである指示的ジェスチャーを狩りに用いるのは、すぐれた頭脳を持つ霊長類やワタリガラスだけだと長い間考えられてきたからだ。指示的ジャスチャーだと認められるためには、その行動が五つの厳しい基準を満たさなければならない。すなわち、①（仲間の体を押すなどの）機械的な力を加えないこと、②意図を有する行動であること、③コミュニケーションを図ろうとする相手に向けられたものであること、④現実世界の事物や事象に関するものであり、⑤仲間の反応が自発的に続いて起こること、である。

ハタが行う合図の一つは、隠れた場所にいるウツボの前で体を水平にして、全身をゆすることだ。ハタは繰り返しウツボに合図を送り、ウツボがエサ探しに加わるのを嫌がっていないかをまず確認する。それは狩りの仲間を動機づけることを目的とした思慮深いコミュニケーションなのだが、指示的ジェスチャーとはなりえない。なぜならハタの行動は、ウツボの注意をある事物や事象に向けようとしているわけではないからだ。しかし、ハタが潜在的な獲物が隠れている場所に狩りの仲間の注意を向けさせようと合図を送る際には、指示的ジェスチャーが成立するための五つの基準のすべてが満たされるのだ。この場合、ハタは頭部を下にして垂直姿勢を保ち、自分の頭をゆすり、その動作の合間にポーズをとるが、このような行動において重要な点がある。それはすでに追い込まれているものの、捕らえられてはいない獲物のすぐ上の位置でその行動が必ず行われることだ。それどころか、ハタは猛スピードで滑るように泳いでいって、急停止してからそのジャスチャーを行うのだ。ベイル、マニカ、ブシャリーが強調するように、この意図的な逆立ち姿勢や頭部をゆする動作は、逃走者が隠れた特定の窪みに仲間の注意を向けさせている。この動作によるコミュニケーションが行われる状況に関する動物学者たちの分析は印象的だ。彼らのデータによると、例えば、九匹のハタにより行われた逆立ちと頭部ゆすりの三十四回にわたる観察例のうち、近くにいたウツボは多くの場合で積極的に、メガネモチノウオは常に反応し、即座にハタが指示した窪みを探った。五つの事例において合図のあと獲物は捕獲されたが、二回はハタ、二回はウツボ、一回はメガネモチノウオによる捕獲だった。

ハタと同様、ある種の降海型のマスも逆立ちや頭部をゆする指示的ジェスチャーを用いるが、このケースでは猟仲間のタコに向けて行われる。タコは私たちがすでに第2章で理解したように、この種の注意指示の合図に応答するだけの準備は十分に整った賢い頭足類だ。

もちろんこれらの指示的ジェスチャーがあったとしても、私は頭脳面でハタがチンパンジーやその他の大型類人猿に匹敵するとは思わない。しかし、それがどうしたというのだろう。魚たちは自分たちの環境の中で解決すべき問題を見事に解決している。コミュニケーションの対象者に対する感受性や特定の結果を生み出そうとして送る合図の状況から明らかなように、ハタの心の中では思考活動が行われているのだ。

しかし、ハタが海に住む唯一の賢い魚というわけではない。大西洋、太平洋、インド洋の熱帯および亜熱帯の海域に多く生息しているのが、ベラと呼ばれる分類学上の一つの科に属するおよそ六百種の魚だ。この魚種はほとんどが小型か中型で、多くの場合、明るい色彩と厚い唇という外見をしていて、サンゴ礁や岩場で小さな無脊椎動物などのエサを漁り、条件が適切ならば雌から雄へまたその逆に性別を変える。小型のベラは観賞魚として人気があり、サンゴ礁を模した岩などの水景とともに家庭内で楽しまれている。

ベラの中には掃除魚もいる。何年も前に大学で生物学を学んでいた人ならば、古い授業ノートを久しぶりに取り出してみてほしい。そこには相利共生（ともに利益を受ける異種間の関わり合い）の典型例として、掃除魚がおそらく例示されているだろう。この掃除魚たちが他の魚の体に付いた外部寄生虫を取って食べてやれば、彼らも依頼者も利益が得られる。このような教科書に載っている相利共生の事例としてのベラは、第1章の無脊椎動物の世界における昆虫に相当する脊椎動物であり、その生態や行動は興味深いものだが、遺伝子に組み込まれた行動を越えて、自らが生きる世界の中で様々な選択をする存在として理解されることは滅多にない。

魚類生物学者のカラム・ブラウンは、「魚の知性、主体的感覚性、倫理性」（*Fish Intelligence, Sentience and Ethics*）と題する画期的な調査論文を再検討し、それぞれの個体がとるべき行動を知的に選択していることを根拠に、ベラの行動はまったく素晴らしいものだとしている。第一に、掃除魚であるホンソメワケベラは、自分の「常連客」や偶然通りがかる魚から寄生虫や角質を取り除くために、サンゴの間に仕事場を作る。そしてこのベラは、近くに居住している「ご近所客」と通りすがりの「一見客」、あるいは捕食者と被食者をも識別しているようであり、まず先に一見客の相手をする。ご近所客はずっと近くにいるが、一見客はそうではないからだ。さらには、抜け目なく捕食者よりも被食者を頻繁に選び、掃除を施す仕事中においても鱗片や粘液を余分に盗み取ろうとする。客の方はといえば、近くにも競合の掃除屋が仕事場を構えて待機しているため、どの掃除屋が良いかを選択することができるらしい。

動物学者のレドゥアン・ブシャリーとマニュエラ・ウルトは、エジプトのシナイ半島近くの国立公園で掃除ベラ（ホンソメワケベラ）の観察を行うためにスキューバダイビングをし、一匹の客が同じ日に何度も同一の掃除魚を訪れるのを目撃した。ときには、掃除の間に掃除魚が客に食いついたり、客はといえば（なるほどと思えることだが）、体をゆすって対応したり、掃除魚に反撃したり、完全にその仕事場から逃げ出してしまうこともあった。動物学者たちは多少辛辣な言葉を使い、「体をゆすったあとの客の行動は、つかの間ではあるが掃除魚との関係が明らかに壊れたことを示すものだ」と述べている。しかしここで最も興味深いことが起きるのだが、客が逃亡すると、掃除魚が追いかけて機嫌を害した客をなだめて落ち着いた状態に戻そうとするのだ。掃除屋は客の周りを泳ぎ、客の背びれあたりを自分の胸びれや腹びれで触りながら、掃除の仕事はせずに「触覚刺激」と呼ばれる行動を行う。カラム・ブラウンが名付けた、客の背中にマッサージを施すというこの行動によって、掃除屋はときに客の気持ちを落ち着かせ、彼らが逃げ出してしまうことを阻止することができる。また、ベラは相手を選んで触覚刺激を施すのであり、被食者よりも捕食者の方がその施しを多く受ける。さらに私が注目したことだが、客側の体ゆすりによる反撃行動で掃除が終了したときの方が、その行動が起きなかったときよりも触覚刺激がより頻繁に見られるのだ。

このエジプトの場所で、掃除ベラ（ホンソメワケベラ）は百匹を超える様々な種の客と関わった。この仕組みを説明する際、ブシャリーとウルトは、認知上複雑に関わり合いながら互いの出会いを何度も繰り返すサルや類人猿の研究で用いられる言葉を使う。すなわち、ブシャリーとウルトは、ベラが客を巧みに操り、そして和解すると言うのだ。これらの用語が示すことは、ハタの場合も同様だが、私たちが論じているのは意図を持って行動する知性の高い動物だということだ。

「道具を使用する魚の証拠映像としては世界初」との見出しが世界中で報道されると、ベラ科はメディアの嵐の渦中に躍り出た。進化生物学者のジアコモ・ベルナルディは、オレンジ色の斑点のあるクサビベラの行動を記録した。そのクサビベラはまず最初に二枚貝を砂から掘り出し、次に岩場へと運び、そして最後にその二枚貝が開くまで岩に投げつけたのだ。ベルナルディがこのビデオの発表に伴うインタビューで特に言及したように、この行動は「将来をしっかり見通して考えることが必要であり、入り組んだ段階が絡んでいることから、魚にとってはかなりの大仕事」なのだ。学術誌コーラルリーフスに掲載された論文の中でベルナルディは、二〇〇九年七月に深さ四フィート（約一・二メートル）のパラオ水域で魚を観察していたと説明している。ベルナルディはその観察中、クサビベラが別々の二回の試みにおいて、台座を使って二枚貝を割る様子をビデオに収め、魚による認識行動を歴史に残した。そのビデオを観ていただければ、将来を見通す考えとは何であるか、ベルナルディが意味するところが分かるだろう。私にとって評価の決め手となったのは、二枚貝を捕えてから岩で砕くまでの間に、魚はおよそ五メートル（ビデオではそれ以上の距離のように私には見えたが）と推定される距離を移動して、このときに固い殻を持つ軟体動物からどうやってエサである身の部分を取り出すか、頭脳を使った検討が行われていたはずであることだ。
この三段階の動作による道具使用例がおよそ二十分ほど続いたことを知り、私はそのクサビベラを見ながら本人が感じたであろう驚きについてベルナルディに尋ねてみた。すると彼は私に以下のように語ってくれた。

多くの時間を海底で過ごしていると、どの魚も私には魅力的に見え、ほんの小さなこともとても感動してしまう。そんなわけで何か大きなことが起これば、もう夢中になってしまうわけだ。二十年ほど前、妻と私はフロリダのある海域の調査のために十日間過ごしたことがあった。そこで、一人の同僚が、私がクサビベラにおいて「のちに」見たのとまったく同じ行動を、別種のベラであるイエローヘッド・ベラが行っているのを目撃した。私はカギをどこに置いたかさえ忘れがちで、人の名前もすぐに出てこなかったりするのだが、魚のことならどんな些末な情報でも記憶していられる。そんなわけで、このクサビベラを見たときは、なるほどと思った瞬間だったし、予期していたものではあったのだが、実際に目のあたりにして楽しむまでには二十年の歳月を待たなくてはならなかったわけだ。

ベルナルディのビデオがベラの道具使用に関する初めての映像記録ではあるが、動物学者による報告としては四例目となる。注目に値すべきこととして、ベラでは三つの属（イラ、キュウセン、ニシキベラ）が代表的だが、その理由はこれらの三つは進化過程では近い関係ではないものの、彼らの道具使用行動は類似しているからであり、道具使用はベラの間で広くみられる可能性があるとベルナルディは述べている。もしこの考えが正しければ、ベラは抽出的採餌者ということになり、すなわち多くの鳥獣と同様、エサの周りを覆っている殻を外界の物体を使って割り、中のエサを取り出せる魚であることを意味する。
ではなぜ特にベラなのだろうか。彼らは他の月並みな魚より賢いのだろうか。ベラは互いから社会の中で道具使用を学ぶのだろうか。会話の中でベルナルディは、まだ私たちには学ばなくてはならないことが多く残されていることを明かす。

ベラは肉食動物であり、小さいエサが嗅ぎつけられるよく発達した嗅脳を持っている。ある脳科学者との話で分かったことだが、脳のこの領域がベラの認知力に関連している可能性があるらしく、ベラの脳の先天的な発達とバラバラの小さな情報をつなぐ潜在的な能力を関連づけ、道具使用がうまくいく可能性を考えるのは魅力的なことだ。
私の経験では、隣同士の二匹のクサビベラは互いから学んでいるわけではないと考えるが、確かなことは分からない。観察を始めてからずっと私はそれらをより注視してきたが、二度とその行動を見ることはなかった。また私は同じ場所に戻って、それが（霊長類に見られるような）ある特定の集団に共通する特性なのかを見届けることもなかった。

台の上で木や石のハンマーを打ちつけて木の実を割ったり、シロアリの塚に棒を挿し込んで中のおいしいタンパク源を取り出すチンパンジーの道具使用の複雑さや精巧さに（第8章参照）、ベラが匹敵するとは考えにくい。しかし繰り返すが、私たちが覚えておかなくてはならないことは、ベラの行為は賢くて戦略的なものであり、類人猿がその生息地で行う行動と同様に、自らの生息地における問題の解決には同程度の効果をもたらすものであり、それは皿に盛りつけられた魚からはほとんどの人が予期しないものだ。

確かに私たちはベラを食べる。サンゴ礁に生息するベラのうち世界最大のものは、四百ポンド（約百八十キログラム）ほどの体重があるメガネモチノウオであり、香港で最も有名な高級レストランでは客の舌を喜ばせる珍味と考えられている。密猟者の格好の標的であり、個体数が大きな危機にさらされていることの厚い唇と飛び出た額を持つ魚は、世界自然保護基金（ＷＷＦ）によって「海で見られる最も素晴らしいものの一つ」と評されている（参考文献にあげたウェブサイトをご覧いただきたい）。メガネモチノウオはＷＷＦの優先種でもあり、この惑星において生態学的、経済的、または文化的に最も重要な種の一つに指定されており、保護運動の対象となっている。生息数がただ減少しているだけでなく、繁殖スピードが遅いことから、絶滅が危惧されているのだが、食用として人気が高いため過去数十年間でその数は半減しているのだ。

より小型でそれなりに数多くいるベラは、高級海鮮レストランのメニューからは外れているが、それでも人間の食べ物にならないというわけではない。それらが食品として適切かとの疑問が、フリーダイビング、スキューバダイビング、槍を使用した猟法を好むグループのオンライン上での討論で話題にあがった際、イギリスを拠点とする公開討論会の助言者は熱を込めて次のように解答した。

大型のベラには、こしのあるフレーク状の大きな引き締まった肉がある。コーンウォールで私は運よく五ポンド（約二・三キログラム）をはるかに超える（おそらく六～八ポンドほどもあるだろう）ベラを二匹ばかり手に入れた。今となっては測定しておけばよかったと思うが、あとでそれは記録的な重さであることが分かった。私たちはそれらを大きな肉厚のぶつ切りにし（サケを切るように硬くて太い背骨を断ち切ったのだが、二匹とも大きくてずっしりとしていた）、私たちはそれにバターを添えてアルミホイルに包みバーベキュー料理にした。そこで私が驚いたことは、今まで皆がそれらの魚をあまり高く評価することもなく、ほとんど食べなかったことだ。しかしそれらは、私が今まで食べた中で最高のものと思われ、スーパーマーケットで見られるどの魚よりも群を抜いておいしかったのだ。

それは確かにスーパーマーケットで見かけられ、最終的には食卓に上がり、一般的にはそこで人間と魚が出会うわけだが、片方がすでに食品になっている場合、「出会い」という言葉は適切ではないかもしれない。しかしカラム・ブラウンが注目するように、特に水族館の魚の行動は自然とはみなされないことを考えると、「魚の自然な行動を見る機会が私たちにはほとんどなく、大多数の人はお皿の上の魚しか見ない」のだ。世界の多くの食文化において、魚は私たちが食品として消費できる対象として、第1章で見た昆虫とは対極にある。昆虫食が一つの文化的慣習あるいは比較的新しい流行のどちらかにすぎないのに対し、魚を食べる行為はほぼすべての文化において中心的なものとなっている。

世界銀行の推定によると、ヒレを有する魚、軟体動物、甲殻類を含めた魚介は、世界の人々によって摂取される動物由来タンパク質の十六・六パーセントに達し、すべてのタンパク質の六・五パーセントを占めるとのことだ。食品としての魚には、特に貧困地域の人々にとって健康維持に欠かせないタンパク質であるに留まらず、主要ビタミン類、ミネラル、オメガ3系多価不飽和脂肪酸が含まれるので、世界の栄養状態に対する魚の影響力は、これらの統計をはるかに超えるものだと世界銀行は注目している。

同時に、海洋や水域の深刻な汚染により、私たちは魚を食べる際に危険なレベルの毒素も摂取する可能性がある。二〇一四年にネイチャー誌に掲載された論文において、「世界の水銀循環における人為的攪乱」により海表面で水銀の含有量が三倍になったと発表され、問題の及ぶ範囲が新たに明らかにされた。魚体内の水銀量レベルにはかなりの幅があり、健康に対する懸念は種ごとに取り上げられる必要がある。魚ごとに比較した報告書によれば、少なくとも安全摂取量の政府基準に従えば、ほとんどの大人なら一日に一ポンド（約〇・四五キログラム）くらいのサケは食べても大丈夫だ。しかし、メカジキではたったフォークひと口分でも危険域まで達してしまうし、マグロを常習的に食べることも同様に有害かもしれない。二〇一五年、海洋生物の観察のためにエバーグレーズ国立公園のフロリダ湾を訪れた際、私はインターネット上の警告の厳しさと具体性に驚いてしまった。

高レベルの水銀がフロリダ湾のエバーグレーズのバスやフロリダ湾北部のいくつかの種の魚で検知された。メインパーク道路より北で獲れたバスは食べてはならない。メインパーク道路より南で獲れたバスは一週間に複数回は食べないように。また子どもおよび妊娠した女性はバスを食べてはならない。フロリダ湾北部で獲れた次にあげる海水種の魚は、大人では週に複数回、また出産可能年齢の女性や子どもでは月に複数回食べてはならない。それらの魚とは、ニベ、コバンアジ、ナマズ、オキスズキ、ムナグロアジ、タイセイヨウカライワシを指す。

魚種、私たち自身の年齢、性別、健康指標、あるいは地域ごとに安全な摂取量の統計が計算され、さらに時間経過とともに更新されるが、急激に増大しつつある養殖魚の重要性を考慮すればその様相はより複雑なものとなる。サケは中でも状況理解のための好事例だ。長距離を回遊することで知られるサケだが、今日では、水槽やトンネル状容器に閉じ込められていることが次第に増えており、夕食としてサケを選んだり（それが食卓に並べられたり）する際には天然採取ものが次第に減ってきている。ノルウェーでは年間百万トン以上のタイセイヨウサケが養殖されているが、これは同国の精肉総生産量の四倍に達し、一日あたり千二百万匹分の魚肉が食べられていることになる。莫大な投資によって水産養殖は急激に増大しつつあり、ノルウェーは今や世界の主要な養殖サケの生産国になっているが、それはノルウェーだけにある孤立した産業などではない。二〇一六年のニューヨーク・タイムズ紙の報道によると、カリフォルニアでは今や孵化場にいるのは「事実上すべてがサケ」なのだ。

タイセイヨウサケとタイヘイヨウサケはともに淡水で生まれ、塩水の海へと回遊し、成長期をそこで過ごしたのち、繁殖のために生まれた水域に遡上してくる。化学的信号から太陽の位置に至るまでの外的環境の手がかりが、とても長い道のりになりうる故郷への旅路の道案内役を果たしてくれるようだ。太平洋に生息する最大種のキングサーモンが、アリューシャン列島で標識を付けられた一年後にアイダホのサーモン川にいることが確認されたが、これはちょうどニューヨークとロンドン間の距離に相当し、およそ三千五百マイル（五千六百キロメートル）を回遊したことになる。

荒れ狂う川の急流、腹を減らしたクマ、ハクトウワシ、渓流釣りをする人間など、サケは旅の道中で様々な難題に遭遇する。しかし、そのような恐ろしい障害にもめげずに故郷へと単独で戻ろうとするサケの回遊は、しばしば英雄の旅として描かれる。環境保護論者のピーター・コーツは著書『サケ』(*Salmon*)の中で、サケには文化的な価値があるとして、「その注目すべきライフサイクルに誘発され、不屈の精神と忍耐力、自己犠牲、場所への忠誠心、野生の荒々しさ、やり直しができない運命の実現、緊密かつ強力な生死の結びつきの象徴としてサケを選んだ」と述べている。まったく見事なまでに賛辞を並べ立てたものだが、ここにあげられていないものに注目したい。つまりコーツは、サケの賢さは褒めていない。英雄の旅は知性でなく本能にしっかりと根ざしたもののように見えるのだ。では、サケはベラほどの賢さを持つのだろうか。漁業管理外では、サケの賢さに関する問いかけは滅多に取りざたされることはない。

いずれにせよ、私たちはたくさんのサケを食べており、その数はこの章に登場したベラやその他の魚をはるかに凌駕している。一九八〇年以降、主として私がすでに言及したサケ養殖によってその消費は三倍に増えた。WWFの報告では、サケの水産養殖は最も急成長している食料生産システムであり、世界の市場におけるサケの取扱量の七十パーセント、つまり二百四十万トンを占めている。

「サケを食べることが健康的である理由」とグーグルで検索すると、動物の倫理的扱いを求める人々の会（PETA）という動物擁護団体による声明「サケを食べない理由の上位十箇条」が皮肉にも最初にヒットする。（サケの認知力に対する私たちの無知ゆえのものなのだが）魚の知性に関する一般的な言説に深く根ざす従来の判断にめげることなく、PETAはその第一理由が「サケの賢さ」にあるとし、それをサケの先天的特性として掲げていることは、魅力ある（そして私の見解ではかなり気の利いた）判断である。サケの人間の健康との関係に関する懸念は詳細に続く。すなわち第二の理由では、私たちが食べるサケを含む魚の体内に残留する高レベルの化学物質にふれている。また、三番目に掲げられた理由は「養殖場でサケが受ける危害」だ。

目を見張ってしまうような二つの報告が相まって、養殖場におけるサケの不気味な生活ぶりが明るみに出る。著書『ファーマゲドン―安い肉の本当のコスト』（*Farmageddon: The True Cost of Cheap Meat*）の中で、フィリップ・リンベリーは約五万匹ものサケが一つの海水ケージの中に閉じ込められているようだと特筆している。

多くのサケが白内障による盲目に苦しみ、ヒレや尾の傷や体の変形も生じ、寄生虫が蔓延し、わずかな隙間や酸素を求めて競い合うことを余儀なくされている。サケは一匹あたり七十五センチの浴槽に相当する密度で飼育されている。サケは互いの体をぶつけあったり、養殖網の側面に体をぶつけて、ヒレや尾を傷めている。

これらの数字は、ノルウェーにおけるサケ生産に関するすぐれた民族学的調査『サケになること―水産養殖と魚の家畜化』（*Becoming Salmon: Aquaculture and the Domestication of a Fish*）の中で、マリアン・エリザベス・リアンによって提示された統計とも合致する。参加―観察方式を採用し、リアンは水産養殖業を観察して企業側の従業員や管理者にインタビューする一方で、彼女自身も養殖サケの管理に従事した。彼女はサケと養殖業者たちの相互の関わり合いを強調するが、サケは受動的存在ではなく、えり好みはするし行動力を実践してみせるという。しかし同時に相互の関わり合いにも厳しい限界があることが痛感される。サケが屠殺されるためにパイプに押し流されて行き、電気ショックで気絶させられてから血抜きされ、屠殺されるところを観察し、リアンは見事な設備の仕組みを目のあたりにしていた。そしてこのとき、機械上の不具合が起きてこの仕組みがうまく作動せず、感電した魚は見た目にも明らかに苦痛を負ってバタバタと跳ねていた。しかし、ときどき起きる事故もそうだが、苦痛は水産養殖戦略の想定内のものだ。屠殺前の二週間、サケは「空腹状態」になるのだが、つまりエサを与えられず、屠殺時には確実に胃を空にされるのだ。

もしサケ養殖が今後の主流となるならば、未解決の問題が山積している。例を一つあげれば、サケは肉食であり、エサとなるのは主としてカタクチイワシを含む他の魚なのだ。何百万もの養殖サケのみならず、私たちが後の章で見ることになるニワトリやブタのエサとなるはずの、私たちの海から獲れるこれらの小魚の収穫はどれくらい持続可能なのだろうか。

魚の感覚の世界

人は魚から進化し、私たちの体は今日でもその進化の歴史を反映したものとなっている。この魚に基づく視点に聞き覚えがあるなら、ニール・シュービンに感謝していただきたい。シュービンの大人気の著書『ヒトのなかの魚、魚のなかのヒト』（*Your Inner Fish*）は、三百万年前の有名なエチオピアのルーシーなどの人の祖先をはるかに超えて、カナダ北極圏から出土したティクターリク（イヌイット語で「大きな淡水魚」の意味）と名付けられた三億七千五百万前の魚へと遡る旅に私たちをいざなう。シュービンの記述によると、ティクターリクは「魚と地上動物の見事な中間的存在」であり、柔軟なヒレと鱗、そして平たい頭部と体を持ち、将来の姿を予感させる。シュービンは読者に次のように教示する。「手首を前後に曲げてみよう。この動作の際、あなたはティクターリクのような魚のヒレに最初に出現した関節を使っているのだ」。

シュービンのように魚と人の間の進化の軌跡点を結んでみると、私たちは新しい視点で魚を見ることができる。結局のところ、私たち自身とその生命が明確に関連している場合には、人間以外の動物を真剣に注視しはじめる傾向が私たちにはあるようだ。シュービンの著書を読んでいただきたい。そうすれば私がワシントン・ポスト紙の書評でもふれたように「きっとあなたは共通の進化に思いをはせることなく魚を直視する（または食す）ことができなくなるはずだ」。もし、魚という祖先の痕跡が私たちの現在の体に反映されていることを見出せるなら、魚の中に私たちの心や個性、感情のどんな痕跡が見つかるのだろうか。まず魚の目を直視することから始めてみたい。

海底の世界を一日覗いてみれば、これ以上ありえないほどやせ細っているものから、丸々と太っているものまで、あらゆる体形の魚に出会え、奇妙かつ驚くべき形態の魚たちが身にまとう鮮やかな色彩が私たちの視界にあふれるだろう。それはまさしく私がフロリダのキー・ラルゴから数マイル先の沖合で体験した感動だ。船底がガラスになっている海底観察用のボートで大西洋サンゴ礁の上を漂いながら、私はベラ、ニザダイ、バラクーダ、その他の魚が水族館では絶対再現されえないかたちで日常生活を送っているのを観察した。とは言っても、水と大気の境界は厳然と存在し、私には魚の世界とは隔絶されているとも感じられた。それに対しダイバーならば、魚の立場から見た海の景色を直接体験できるのかもしれない。

ダイバーたちが魚と視線を合わせようとすれば、おそらく魚たちは見慣れた同種の仲間を見るときの視線ではなく、自分に危険を及ぼしかねない、見慣れない物体や生物に出会ったときの視線で見返してくるだろう。私たちのような霊長類は前面を向く目によって重なる視野と深さを認識している。一方、魚は両眼それぞれがこの分業をしており、私たちにとっては視覚的に彼らの脳に入ってくる別個の情報の流れがどのようなものかを理解することは困難だ。それはあたかも、混雑した通りを歩くときに近づいてくる人を見届けるために右目を訓練し、その一方で左目は隣を歩くパートナーを見ることだけに使うようなものだろう。

では、ダイバーが視覚に頼るだけでなく、海底で聞こえる音声をも聞き取りはじめているところを想像してほしい。魚たちは互いに音声を発するが、ヒメハヤの雄は雌に言い寄るときにうなり声をあげたり、ライバルと戦うときには何かを叩くような音を発する。ハドックやタラは特定の筋肉を浮き袋に打ちつけて振動音を出す。カラム・ブラウンの推定では、魚類の五十パーセントほどが「コミュニケーションのために何らかの意味を持つ音声を出す」のだそうだ。それらのうなり声や、叩くような音を発するヒメハヤは、彼らの住む環境の中で音声に出会うと、叫び声のような音声を出したりさえもする。漁業生物学者が、水槽脇に設置したスピーカーを通して白色雑音（訳注、広い範囲に同程度の強度で広がる音）を流したところ、ブラックテール・シャイナーは平常の静かなときよりも大きな音を発した。もしこの発見が海、川、湖の魚にも当てはまるならば、貴重な行動適応の実例である可能性があり、例えば、私たちが大声で話す言葉や叫び声が空中から水中に伝わったときはもちろんのこと、ボートや車のエンジンが魚の生育地の近くで騒音を発したりする際には、魚には互いに聞こえるように叫び声をあげる必要性が増すだろう。

私は魚の音声を強調することで、自分たち人間のコミュニケーションシステムの海水版を描き出そうとしているわけではない。魚の視覚の働きが私たちのものとはかけ離れているのと同様に、特定の環境に対して何百万年もの歳月の進化によって微調整されてきた感覚システムに関しても、魚たちの中には、私たちのような陸上に住む哺乳動物には想像を絶するほど異質なものもいる。二〇一五年、科学調査団が南極大陸の七百四十メートルの厚さのロス棚氷にドリルで穴を開け、そこに小さなロボットを通して下ろした際、彼らの胸は高鳴り、やがて衝撃を受けることとなった。というのは、常識ではほとんど生き物が存在しないはずだと考えられていた冷たく暗い海域に、魚が生息しているのを発見したからだ。ここはたんになじみのない海の生態系であるばかりでなく、ダグラス・フォックスがサイエンティフィック・アメリカン誌で著述したように、南極氷河を研究する地質学者たちが「ほんのわずかな微生物しか」発見できないと考えていた「著しく隔絶された過酷な」場所なのだ。

ロボットにはカメラが搭載され、映像は氷上のモニターに送信されていた。ロボットが氷塊の下の岩だらけの暗黒の深みに降りていくと、モニターを見つめる科学調査団に緊張が走った。海面まで一メートルの所でロボットは停止し、映像であれ人間の目であれ、これまで誰も見たことのない光景をカメラが映し出した。フォックスは次のように報告している。

そのとき一人が大声をあげて指差した。全員の視線が一斉にカメラがとらえた映像に向いた。見事に波打つような影が、前身から後身へと先細りになった感嘆符のような形をして、目の前をゆっくりと横切った。それは電球のような大きな目をした魚の影だった。その直後、全員が影の正体である生物を目のあたりにしたが、それは赤、褐色、ピンクの三色がかった色彩であり、バターナイフほどの体長で、透明な体の中の臓器は透けて見えていた。歓声、拍手、弾み声が部屋全体に広がった。

その日には、三種の二十〜三十四ほどの魚が認められた。前述の大きな透明な魚、そして小さな魚が二種確認され、一種はオレンジ色でもう一種は黒色だった。それらの魚の食料源、あるいはその生態系が全体的にどんなエネルギー源によって支えられているのかは定かでなく、これらの魚の感覚認識の仕組みがどんなものかを推測することはさらに難しい。魚の中には電気信号の送受信によって周囲の世界を感じ取るものもあり、多くは側線を形成している感覚細胞によって（水の動き、圧力の変化などの）振動を感じ取る。南極の魚たちはどうなのだろうか。私たちにはまるで分かっていない。

魚には、色とりどりの生息地に住むものもいるし、暗黒の生息地で暮らすものもいる。その各々の場で魚の感覚器官は、学習や情報収集の入り口としての役割を果たす。私たちがすでに見てきたように、魚の中には考え抜かれた方法で道具を使うものもいる。魚において、社会的なつながりの中で技術的知識が伝えられていくのかどうかはよく分かっていない。しかし、一部の魚においては、周囲の仲間を注視することで他者から学習していることははっきりと分かっている。

魚の学習

ハタの指示的ジェスチャー、ベラの顧客に対する状況に応じたご機嫌取り、ベラ（特にイラ）の道具使用などに関して私がすでに述べた証拠は、人間側の測定尺度を採用すれば、最も高度な行動だと評価しがちだ。しかし人間中心の評価基準とは極めて偏狭なものである。なぜなら、私たち人間が賢いとみなせるものを優遇的に認識してしまうからだ。

より広く見れば、魚はすすんで情報を分かち合い、互いに社会的学習をしていることが分かる。水中の世界では、魚たちは捕食者であり、もちろん被食者でもある。彼らを食べることを願う空腹をかかえたハンターを戦略的に回避することは魚たちが持たなくてはならないすぐれたスキルであり、それゆえ自然淘汰も、捕食者に関する社会的な情報を彼らが共有することに有利に働く可能性が高い。生物学者のジーン・ガイ・J・ゴダンが結論付けるところでは、「多くの魚」はこれまで直接的に遭遇していない捕食者を認識し、対応法を学習する。ゴダンの説明では、彼らのこのような学習行為は「視覚的手がかり、あるいは捕食者から発せられる臭気を、捕食者による恐怖におびえたり、傷ついたり、捕らえられたりした際に被食者の皮膚から発せられた化学的信号と結びつけることで」実現されるとのことだ。私は「おびえた魚たち」というゴダンの言い方が気に入っているのだが、それは魚の感情と社会的学習をまとめて表現しているからだ。魚がエサとして捕獲されるシーンを（現実であれ映像であれ）見る際には、より小さく技量に劣るものを飲み込む強い存在にどうしても注目しがちだ。では、魚のようなより小さな動物がそのような運命を回避するために、彼らの感覚や学習の能力を活用する側から見てみればどのようなものだろうか。それらの戦略がうまくいかないときに彼らは怖気づいてしまうのだろうか。

エバーグレーズ国立公園内のフロリダ湾をボートで回っているとき、私は幸運にも一頭のイルカが追い込み漁をしている様子を目撃できた。どんな種類の魚を狙っているのかまでは分からなかったが、イルカは尾を素早く動かして砂と泥を巻き上げ、水中で魚の周りに視覚でも確認できる輪を作ったのだ。フロリダ湾のイルカはこれを他の個体と協力して行う。輪を作ったイルカが、待ち構える仲間たちの方へ魚を追い込むことが多いのだが、その日私が見たのは、一頭だけで追い込み用のネットを作るところだった。海洋生物学者はこの技術を文化的なものだと説明している。なぜなら、ここのイルカだけが学んでいる独自の特徴だからだ。オーストラリアのシャーク湾に住むイルカが海綿の道具を使ってエサを漁る方法を社会的に学ぶように、フロリダ湾のイルカたちも互いからその方法を学んでいるのだ。エバーグレーズのイルカ文化を目のあたりにして胸を躍らせるときでさえ、私には捕食者だけでなく被食者もが目の前で展開されていることについて考えたり感じていることが分かった。

あるいは、私たちがアニマルプラネットのドキュメンタリー映像で見るような、ノルウェー北部沖の海域で仲間とともにニシンを獲るシャチを考えてほしい。シャチはイルカと同様に家族で協力して、まずはニシンの大群の周囲を泳ぎ、次第に包囲網を縮めていく（ちなみにシャチには「殺人クジラ」というあだ名がある）。アニマルプラネットのナレーターの言葉では、ニシンはシャチの尾が水を打ちつける衝撃に「びっくりして混乱状態に陥る」が、シャチはその間も互いに連絡を取り合って逃げ道をふさぐと、ニシンは追い立てられ空中に飛び上がるのだ。やがてシャチたちはごちそうを満喫することとなる。

私は何年も、食べがいがありおいしいこの種の食事にありつくためにシャチが行う調和がとれたダイナミックなダンスに驚嘆してきた。私たちは、シャチのエサになるような群れを成す魚を単なる集合体としてとらえがちであり、私たちの目には同一の生き物で構成される一群としか映らないのに対し、シャチは個体として映る。シャチは一日に四百匹のニシンを平らげることもあるのだが、私たちはそれらの四百匹をシャチの食べ物としての画一的な一つの集合体としてつい考えてしまう。しかしこれらの容赦のないハンターたちの罠にかかる際の、個々のニシンの経験とはどんなものなのだろうか。何とか逃げきったニシンは、間一髪の脱出から何を学び、他のニシンにどんな情報を伝えられるのだろうか。滅多にこれらの疑問が問われることはない。私はそれに対する答えを持ち合わせていないが、多くの種の魚における恐怖心や社会的学習に関するゴダンの結論からして、それらは研究対象として価値があると信じる。釣り人を含め捕食者たちとの遭遇の際に魚が感じていること、感じていないことを正確に見抜くことは不可能かもしれない。しかし、捕食者の攻撃から生き延びた直後の彼らの社会的行動は調査されるべきだ。

捕食行動だけが魚の社会的学習が展開される唯一の状況というわけではない。ここで多彩な才能の持ち主であるベラに話題が戻るが、ブルーヘッドベラはサンゴ礁の特定の場所へと回遊していき、そこで産卵する。時を経て世代が変わっても、ブルーヘッドベラは同じ場所に戻るのだ。そこで魚類生態学者たちはパナマで実験的介入を試みた。一つの特定の場所に生息するすべてのベラを追い出し、その地域を知らない新しい群れを導入したのだ。すると新参者は元のベラが使っていたものとは異なる、自分たち独自の産卵場所を確立した。産卵場所の選択は遺伝子や環境的要因によるものではなく、情報は古い世代から新しい世代へと受け継がれるのだ。社会的学習という同様の事例は、サンゴ礁に住む別種の魚、バージン諸島のフレンチグラントイサキを用いた実験でも確認された。ここで強調されるべき価値は、双方の実験とも魚にとって自然な生息地で行われたことにあり、それは自然淘汰がこれらの魚に強く作用し、互いに学習し合っていることを示している。

数千匹のうちの一匹であること

何年も前のことだが、カリフォルニアのモンテレー水族館を訪問した際、青い柱のようになって休むことなく回り続けるカタクチイワシの前に立ち、私はその群れの中の没個性ぶりに驚嘆の気持ちを覚えた（これらのカタクチイワシやその子孫の様子はビデオで見ることができる）。数千もの銀色の魚体、そして彼らの示す行動、どれ一つもその他の魚のものと異なることはなかった。四半世紀経った今でも、自分がかつて観察した水槽内の魚群と、個々が明確に異なる野生や飼育下のサルあるいは類人猿との間に存在する大きな違いに対する驚きの気持ちを思い出す。

多くの魚が群れを成すことには十分な理由がある。フランス沖の地中海で捕らえられた、飼育下のゴールデングレーボラの稚魚における実験では、群れのどの位置にいようとも、群れでいれば個々の魚の消費エネルギーが少なくて済むことが分かった。近くの魚が生み出すプロペラ後流の中を泳ぐ魚が最も消費エネルギー量を節約したことは予想通りだったが、群れの先頭を泳いだボラでさえも単独でいるときよりエネルギー効率はすぐれていたのだ。群れの中にいる方が、捕食者の回避やエサ探しにおいて有利であることに加え、これらのエネルギー効率の上昇を理由に群れを成す習性が進化してきたのだろう（仮に集団でのエサ探しにリスクがあるとすれば、限られた地域で一斉に多くの胃袋が満たされるかであるが、これらの犠牲さえも利点によって補われるはずだ）。

モントレー水族館での私のカタクチイワシの記憶が暗示するように、群れを成す魚たちは本当にどの個体とも入れ替わることが可能なのだろうか。実際は、グッピーやトゲウオのような魚では社会的ネットワークが群れの中で体現され、特定の個体が優先的に互いに繰り返し関わりあっているし、すべての魚がただ無作為にたむろし合っているわけではない。また同一種の魚の行動がすべて画一的というわけでもない。大胆なものもいるのだ。

二十年ほど前のことだが、生態学者のセルゲイ・ブタエフは、彼が個性の次元と呼ぶ部分においてグッピーに差異があることを実験で明らかにした。一部のグッピーは冒険や社交性の傾向を示したり、行動の抑制および逃避傾向を示すものもいた。ブタエフはこれらはストレス対応が別の形として現れたものとして理解できると解釈した。ブラックライン・レインボーフィッシュでは、カラム・ブラウンとアン・ローレンス・ピポストの研究のように、飼育下のものに比べ野生のものの方がより大胆でより危険を冒す傾向が強いのだが、おそらくそれは野生下では捕食者に襲われる可能性がより高いためだろう。また雄が雌より大胆というわけではなく、大胆さは個体における右脳・左脳の機能分化の有無によって見事なまでの差異を示した。するとここで一つの疑問が頭に浮かぶ。すなわち、魚において片側の脳の半球が行動を支配しているときをどのようにして知ることができるのだろうか。この疑問に答えるために、ブラウンとピポストは水中に鏡を設置し、レインボーフィッシュが自分の姿をどのように見ているのかを観察した。導入された魚が自分の姿を鏡で見る際、八十パーセント以上の時間を右目で見ていた場合は右脳による優先傾向があるとされ、二十パーセント未満の場合には左脳による優先傾向を持つと判定された。その他の場合はすべて左右脳の機能の差がないと評価された。

大胆さを判定するテストのために、魚たちは水槽から新しい環境へと解放されたのだが、そこでは、コントラストの強い白いプラスチック製の物体を通過すれば、あたりを探索できるようになっていた。その通過点を通り抜ける速度が大胆さの尺度として採用され、速ければ速いほどその魚がよりリスクを恐れていないと判定された。そして、この実験では、左右差のない魚が勇敢賞を勝ち取った。次に大胆だったのは左目が優先傾向にあった魚であった、ブラウンとビボストは、恐怖が魚の脳のどこで処理されるかに基づいて（右脳なのか、左脳なのか、両方なのか）、なぜ大胆さがこのように異なるのか、可能な限り多くの専門的解釈を再検討している。

重要な点は、魚の個性が異なることだ。我が家にたくさんいる保護猫に当てはめてみると、小さいマリーがコーヒーテーブルから椅子へ、そしてさらに高い炉棚へと大胆不敵にジャンプを繰り返す一方、大きくて体重もあるダイアナはただそれを眺めていて、驚いたときには緊張した様子で飾り棚に逃げ込んでしまう。このようなことは他の動物でもあり、魚も例外ではない。しかし、この現象がどのような規模で起きているのか、私たちにはいまだほとんど分かっていない。公式的な実験からだけでなく、人々がペットの魚たちと経験を分かち合うにつれ、より多くの情報が明らかになるだろう。

ジョナサン・バルコムの著書『魚たちの愛すべき知的生活―何を感じ、何を考え、どう行動するか』（*What a Fish Knows: The Inner Lives of Our Underwater Cousins*）の中の私が大好きな話を一つ紹介する。それは、シービスケットという名前のリュウキンとブラッキーという名前のクロデメキンを飼育していた女性が、バルコムに語ったものだ。ある日、彼女が帰宅するとブラッキーがどうしたことか水槽に置かれた飾りの塔の中に挟まってしまっていた。そして、そこから抜け出そうともがき、狭い壁面で体を擦りむいて傷ついたブラッキーの様子は最悪に見えた。するとシービスケットが何度もブラッキーめがけて突進したが、この女性にはその行為が、同じ水槽に住む仲間を救出しようとする試みに思えた。このような寛大な解釈には、特にこのペアの過去の関係においてシービスケットがしばしばブラッキーを攻撃的に追い回していたことを知れば、懐疑的な見方が出てくることは十分ありうる。もしかしたら、シービスケットは目の前の異常な混乱に恐怖を抱き、身動きがとれなくなったブラッキーに対し再び攻撃を仕掛けたということはないだろうか。

次の出来事がなければ、そのような結論で私は満足していただろう。しかし、このひどい出来事で鱗が剥がれ落ち、擦り傷を負い、目が腫れてしまったブラッキーを女性が救出したところ、シービスケットはその後数日間にわたって回復中のブラッキーに寄り添い、そばから離れなかったのだ。その後、シービスケットの攻撃的な追跡は再発することはなかった。ブラッキーが受けたひどい経験の結果、この二匹の金魚がいったい何を考え、感じたのか、私にははっきりしたことは言えない。ただし、彼らの関係における明白な変化を魚に関する私たちの一般的な知識と結びつけてみれば、彼らが何かを考え、感じたことを示している。別の犬が窮地に陥っているときに、私たちの飼育犬がすべてシービスケットと同じように振舞うとは限らない。しかし、私の判断が正しいものであるならば、この逸話は魚の個性をしっかり示しているはずだ。

インターネット上にある楽しいビデオクリップでは、大きな水槽に住むレッドデビルシクリッドと思しきオレンジ色の魚が、魚と関わろうとして近づく男性に向かって繰り返しぐるっと回って泳いで戻ってくる様子を見ることができる。まずその男性は両手でやさしく魚をすくい、さらにやさしく、そっと持ち上げて投げ上げると、魚は空中に弧を描いて水中へと落下する。しかし魚は男性から逃げようとはせず、もっとそうしてくれとばかりにせがむのだ。私にはそれが分かる気がした。おそらく、二足歩行の人間によって空中に放り投げられることが楽しいのだろう。魚の中には大胆なものもいれば、大胆でないものもいるし、確かに遊ぶのが好きなものもいれば、そうでないものもいて、彼らの種も私たちと同じようなものなのだ。

浮かぶ棒切れを飛び越えるダツ、ボールの周りをふらつくデンキウオやアカエイ、すぐに元の位置に戻る水温計を突いてみるシクリッド……これらの行動すべてが遊びであると動物行動学者のゴードン・バーグハートは考えている。そのような行動が、魚に十分な時間や食料があって捕食される危険もない飼育下で起きる際、私たちは飼育という行為が不自然だからといって、その行為をあながち不適切なものとして排除すべきではない。同じ仲間のチンパンジーもそうだが、オランウータンやゴリラのような野生の大型類人猿がときどき道具を作るのを、現地調査中の霊長類学者たちが発見する以前に、彼らはそれらの動物が動物園内で（ときには檻からの脱出のための）道具を作り使うところを目撃していたのだ。もちろん飼育下で認められた行動のいくつかは、野生下ではそれに相当するものが見られないものもある。しかし、飼育という状況下で動物たちが何度も行うことは、彼らの行動上の能力や野生現場で調査すべきことに関する必要な情報を私たちに与えてくれるはずだ。

主体的感覚性に関して

魚は恐怖を感じるだろう、そこまでは分かっている。では彼らは苦痛を経験するのだろうか。長年、とりあえずの仮定として考えられてきたことは、仮に魚が苦しんでいるとしても、その苦しみは比較的弱く取るに足らないものだというものだった。『ファーマゲドン─安い肉の本当のコスト』の中でフィリップ・リンベリーは次のように語っている。「感覚はあるのだが、彼らは哺乳動物や鳥類ではないので、苦痛を感じたとしても大した問題ではないとみなされている」。リンベリーは魚の養殖基準に焦点を当てた欧州評議会で、ＥＵ職員、アドバイザー、獣医師とともにフランス内陸部の養殖場の実地調査に出かけたときのことを語る。彼らが三番目に訪れた養殖場では魚の飼育が高密度で行われていて、他の二つの施設に比べ状況は悪いものだった。魚たちは悲惨な状況にあり、衝突の衝撃や病気感染で眼球が飛び出ていたり、尾の周りの皮がむけているものも認められた。水質も澄んでいるというには程遠く、魚たちは酸素溶入装置の周りに群がっていた。リンベリーはこのように記している。「政府関係者、獣医師、その他の専門家は、明らかに苦痛にあえぐ魚たちを見ていたにもかかわらず、一言も批判や驚きの声を発することはなかった。私は信じられない気持ちで立ちつくしていた」。

魚には、他のいくつかの脊椎動物において知性が宿ると考えられる場である新皮質がない。主としてこれを根拠に魚が痛みを感じることができる度合いに疑念が持ち上がっていたのだ。二〇一六年、オンライン上で閲覧可能な学術誌「アニマル・センシャンス」の中で、生物医学者のブライアン・キーは次のようにきっぱりと結論付けている。「魚には痛みを感じるのに必要な、神経処理を行う神経細胞組織、微小回路、構造的接続性がない。では、魚には有害な刺激がどんなものとして感じられるのだろうか。実は魚が何も感じていないことは証拠によって如実に裏付けされている」。しかし、キーの論文とともに公表された他の専門家たちの論評は、彼の結論を即座に容赦ないかたちで否定した。本書で私が紹介した人たち、つまりこの章に登場したカラム・ブラウン、ゴードン・バーグハート、ジョナサン・バルコム、第2章に登場したタコの専門家、ジェニファー・メイザーは、痛みを感じるのに新皮質は必要なく、魚が痛みを処理するためにほぼ確実に機能している特定の脳領域（主として終脳）について言及し、そこが魚の痛みを処理していることはほぼ確実であること、そして魚が痛みを感じているという確実性をさらに裏付ける精巧で柔軟性のある魚の行動を指摘した。

人間に食べられることは魚にとって楽なことではなく、ほとんどの専門家たちが主張するように、魚が痛みを感じるならば、食べられてしまうことは大きな苦痛を伴うはずだ。二〇一五年のニューヨーク・タイムズ紙のある記事は、三千年もの伝統を持つことで知られるスペインのマグロ漁法（アルマドラバ）は、魚には手加減がまるでないものだと次のように語る。「何十匹ものクロマグロが波立つ海面へと浮上し、激しくバタバタと跳ねまわるが、やがて疲れ果てて窒息し、魚が戦いを放棄すると漁夫たちは尾を掴んで船上へと引き上げた」。確かにこの地域では、養殖産業への転換が進行中だ。しかしさらに肝心なことは、苦しみや環境破壊の下で甘い汁を吸う行為に対して責任があるのは、伝統的な漁法ではなく、大規模な商業漁業なのだ。特に、致命的かつ破壊的なのはトロール漁業であり、巨大な網がはるか海底の海洋生物をごっそりと掻きとっていく。

魚を海鮮食品として考えれば、私たちは必然的に昆虫食の問題に再度立ち返る必要がある。世界人口は急増していて、人々は胃袋を満たす必要があり、是が非でも必要とされている栄養素を魚が提供してくれる。もしカラム・ブラウンが勧めるように、私たちが倫理的な枠組みを魚をも含むように広げるならば、どのような様相となるだろうか。

魚による道具使用や複雑なコミュニケーションの信号伝達は、ごく最近の科学研究によって明らかになったものである。魚の知性の評価に基づいて、特定の魚だけを食べないと決めることには問題がある。なぜなら、私たちにはこの件に関する情報がほぼないに等しいからだ。さらに、賢さに焦点を絞れば、主体的感覚性を考えることがおろそかになりえる。魚は確かに痛みを感じるという事実から、菜食主義者や完全菜食主義者の立場を選択することが、一部の人たちには最も魅力あるものであろう。私は週一度のペースでこれを実践しようと努力して取り組んでいる。それは菜食主義者や完全菜食主義者に対する憧憬の念に加え、植物を基本とした食事によってとても健康になった人たちを知っているからだ。しかし、それでも自らのほぼ菜食主義的な食事にときおり魚を加えた方が、私自身は（長期にわたる健康問題を経験したことで）健康でいられるはずだと強く感じる気持ちもあり、これらの気持ちが私の心にすっきりとは割り切れないかたちで共存している。

魚を食べる人にとっては、どのような賢い選択ができるだろう。ポール・グリーンバーグは、マイケル・ポーランの「ほぼ植物性食品だけを食べ、食べすぎをひかえなさい」のような簡潔な言葉による力強いスローガンを作りだしたいと考えた。そして彼が思いついたのは（「ぎこちない」と認めたうえで）、「アメリカの海産物を食べるなら、現在よりもはるかに種類を増やし、ほぼ養殖ものの濾過摂食動物だけにしよう」だった。グリーンバーグが注目するように、アメリカ人が食べる海産物は私たちのほとんどが大好きな「ビッグ3」である。すなわち、エビ、マグロ、サケであり、それらの九十パーセントが輸入されている。海産物を食べる人たちがそれらの代わりに養殖のカキやムラサキガイを受け入れてくれれば、乱獲気味の魚種は一息つけるだろう。もちろん大切なことは、私たちがこれらの種をも第一位の地位に押し上げるという同じ過ちを回避することである。カキやムラサキガイも乱獲してしまえば、その生息数に被害が及ぶ。さらに言えば、カキやムラサキガイは海水を濾過してきれいにしてくれるのだが、一匹のカキは植物プランクトンを摂取する際に一日あたり三十〜五十ガロン（一ガロン＝約三・八リットル）の海水を濾過できる。私たちはそのプロセスを復元不可能なレベルになるまで乱してはならない。

環境に配慮しながら魚を食べる人たちが目指す理想的な目標としては、絶滅危機にある野生魚、そして特に残酷で種の持続が不可能になるような漁法で獲られる魚、さらには高い生産高を上げる産業型養殖場に高密度で閉じ込められ、強烈な苦しみが長く続くことが問題視される魚を拒否することがありうる。乱獲と海洋保全の問題に長く取り組んできた生態学者で環境保護論者のカール・サフィーナによって、ストーニーブルック大学に創立されたサフィーナセンターが「海にやさしい」海産物を食べるためのガイドを提供している。このセンターのウェブサイトでは、シェフで持続可能な食の擁護者であるバートン・シーバーが、私たちを有害な選択から遠ざけるように、食べる種の具体的な「入れ替え」を勧めている。例えば、クロマグロは一本釣りや流し釣りで捕獲されるキハダもしくはビンナガマグロやカマスサワラで代替でき（流し釣りは海中に流したエサ付きの糸を引っ張るもので、漁法としてトローリングとはまったく異なる）、野生のアラスカサケは大西洋で養殖されるサケの良い代替となり、ハタよりもシマスズキを食べる方が望ましいことなどだ。

考えたり感じることができる個体としての魚の世界が私たちの目の前に展開されれば、私たちは真の意味で魚を見つめはじめ、魚に関する議論も聞こえはじめてくるのだろう。『スティーヴとロブのグルメトリップ』（*The Trip*）という映画の中で、イギリスのコメディアンのスティーヴ・クーガンとロブ・ブライドンは、車でイギリスを巡りながら素敵なレストランでの食事を試みる。あるダイニングルームでは、ウェイターが「カマスの幼魚の上で休むクイーンホタテのパースニップ（訳注、ニンジンに似た根菜）添え」と自慢げに料理を説明する。するとブライドンはクーガンに視線を送り、「『休んでいる』っていうのは少し楽観的だね。彼らの休息の日々は終わったんだから」とさりげなく告げる。それはカマスにもホタテにも言える。ブライドンとクーガンはまさに食事を始めようとしていたところだったのだが、貝類と魚類の生と死を静かに認識する二人の瞬間が映し出され、私はそのシーンが今も大好きだ。それがすべての始まりなのだ。

第4章　ニワトリ

第一印象は小さく控えめな鳥に見えた。しかし、バスケットに入ったミスター・ヘンリー・ジョイが運ばれてきて、ノースカロライナ州シャーロットのゴールデン・リビング・センター養護老人ホームの玄関に降り立つと、そこの住民たちやスタッフは珍しい個性の持ち主が目の前にいることに気づいた。ミスター・ジョイは明らかに老人たちと間近で交流できることを楽しみ、目の前の人たちに自分の行動を合わせているようだった。センターの住民であるカスリン・ブラックは人との交流はあまり好きではなかったのだが、ミスター・ジョイを気に入った。「彼女はミスター・ジョイをテディベアのようにしっかりと抱いていた」と、ミスター・ジョイの世話係で主にバスケットに入れて運ぶ役のアリシア・トムリンソンは回想している。「ミスター・ジョイは、もがいたり羽ばたきして反抗したことは一度もない。ミスター・ジョイにはカスリンが虚弱な老女で、自分に何も危害を加えないことが分かっていたようだった」。

ミスター・ジョイはセラピーチキンであり、オールド・イングリッシュ・ゲーム・バンタムという小型の品種のルースターだ（一歳を超えた雄のニワトリはルースターと呼ばれる）。トサカと肉垂が真っ赤である以外白い姿のミスター・ジョイは、ウォレスという名の老人によって卵から育てられた。ウォレスは、少なくとも自分自身の種（人間）の間では気難しい人物として評判だった。しかしミスター・ジョイに対してはそうではなかった。ウォレスが日常の雑用をこなす間、ミスター・ジョイはウォレスの肩にとまり、ウォレスがテレビを見るときには互いに寄り添って座った。彼らはいつも一緒で離れられない間柄だったが、この事実こそウォレスの大きな喜びの源だった。

のちに花開くミスター・ジョイの老人をもてなす技術は、年老いた友人とのこれらの経験に端を発するものではないだろうかと私には思える。ミスター・ジョイが人々にとって癒しになる傾向は、これらの早いうちの関わり合いから生まれたものであることはほぼ明らかなことだろう。人が動物を幼齢期から育てた場合、のちの行動に与える影響は大きく、このことは一九三〇年代に動物行動学者のコンラート・ローレンツによって行われたハイイロガンを用いた有名な刷り込み実験以来、私たちには分かっていることだ。二〇一一年にアメリカ公共放送サービス（ＰＢＳ）の楽しい番組「ネイチャー」で放送された『シチメンチョウになった私』（*My Life as a Turkey*）でジョー・ハットは、フロリダの山小屋でバスケットに入った状態で受け取った卵から野生のシチメンチョウを育てる。十六羽の若鳥は孵化器から孵化し、ハットの存在が刷り込まれる。ハットとシチメンチョウたちは、山小屋の周囲をともに散策し、ハットはシチメンチョウがどのように世界を感じ取るようになるかを垣間見ることとなる。ハットは若鳥たちの代理母として行動することで、その成長過程の先導役を果たす。「刷り込みによって、他の方法では決して見ることができない動物の生活が観察できる」と映像の中でハットは語る。

おそらく、ミスター・ジョイはウォレスのことを特に刷り込まれたわけではないだろう。むしろ他の種との密接な関係を経験し、のちにその経験をすべての人たちに一般化していったのだろう。やがてウォレスが老人ホームに入所しなくてはならなくなると、ミスター・ジョイは幸運にもトムリンソンに引き取られた。そのあと多くの偶然が重なり、ミスター・ジョイの人になつく傾向はますます強化された。まず第一に、ミスター・ジョイは足の病気で足指の大部分を切断することになったが、この状況がきっかけとなり、ミスター・ジョイがトムリンソンによって過度とも思える世話を受けることになったのは確かだ。トムリンソンには確かにミスター・ジョイを放っておけないたいへんな一大事だった。回復までの間、ミスター・ジョイはバスケットの中に入れられてあちこちへ移動しはじめたのだが、この移動方法をミスター・ジョイはたいへん気に入った。そんな折、トムリンソンはミスター・ジョイを連れて一人の寝たきりの女性を訪問した。この女性に対するミスター・ジョイのゆったりとした心地良い存在感は極めて大きな効果を発揮し、トムリンソンはその直後、ミスター・ジョイのセラピーチキンとしてのキャリアを開始させた。「私がミスター・ジョイの魅力を一人占めしてはならないと悟ったのはそのときだった。ミスター・ジョイは、ニワトリは主体的感覚性を持った愛すべき動物だというメッセージを広げるべき存在だったのだ」とトムリンソンは語っている。

トムリンソンは、ミスター・ジョイが周囲の出来事に対していかに「注意を怠らないか」を私に説明してくれた。すべての主体的感覚性のある動物と同様、彼は好き嫌いの気持ちを有し、驚き、恐怖、喜びの気分を音声に出して伝えた。なぜかミスター・ジョイは車輪のついているものを嫌い、近くに手押し車やベビーカーがやってくるとそのあとを追いかけて突くほどだった。幸いにも、彼の周囲を楽しくさせるような経験は人間だけではなく、他のニワトリにも広がっていった。ミスター・ジョイには、トムリンソンが言うように「二羽の妻」である雌鶏のヘンリエッタとべべがいた。トムリンソンは雄鶏の雌鶏との一般的な関係にふれつつ、雄鶏は交尾のとき雌鶏を乱暴に扱うことがある一方で、やさしく育むような傾向もあることを語ってくれた。そして彼女は「雄鶏たちはいつもごちそうを拾ってレディたちに差し出している。何度私が彼らにごちそうを与えても雄鶏たちはほとんどいつも雌鶏を呼びよせ、ごちそうを与え、自分で食べることはなかった」と指摘した。ヘンリエッタとベベにはミスター・ジョイは「紳士的だった」と彼女はレポートしている。

もちろんニワトリは家畜である。彼らは、セキショウヤケイから進化してきたものであり、少なくとも七千年もの時間をかけて、人間によって形作られ導かれるという進化の道筋をたどってきた。ネコやイヌのように私たちが歓迎して家庭の中に迎える飼育動物とは異なり、個々のニワトリは、トムリンソンがミスター・ジョイを楽しく紹介するような口調で語られることは滅多にない。北アメリカとヨーロッパでは、ニワトリの一般的なイメージとしては、現在のように畜産農場における密集状態での生活を余儀なくされていて、見た目では個々の区別がつかないものだ。しかし私が二〇一五年の夏にカリフォルニア州サンタクルーズ近くのワイルダー・ランチ州立公園で六羽の雌鶏に出会ったときに一目瞭然であったように、ニワトリにはまばゆいばかりの個々の違いがあるのだ。グーシーやベラといった名前を付けられたこれらの美しい鳥たちは、白、金色、黄色などの色彩で、ときには虹色のように輝く淡いブルーの斑点があるものもいて、運動ができるニワトリ用のブランコが置かれた屋外の小屋で暮らしていた。私が訪問した際には、ニワトリたちは野菜畑に放たれていて、一羽は野菜が植えられた列の間で日向ぼっこをし、何羽かはエサをついばんでいた。人間に近づいて来るものも来ないものもいた。私は真っ白でやわらかいベラをやさしく持ち上げて胸元に抱き、この静かな出会いを大いに満喫すると、ベラの方も幸せに浸っているようだった。そして近くでその様子を雄鶏のバートが眺めていた。

五十代にして初めてニワトリを抱き上げ、なでで、話しかけることができたことは私の人生経験の中でもたいへん貴重なものだった。その著書『ニワトリ』（*Chicken*）の中で、アニー・ポッツは次のように言う。第一次世界大戦以前には、多くの家庭が裏庭や小さな農場でニワトリを飼っていて、そこでは鳥たちが自由に動き回り日光を浴びていた。しかし、納屋や小屋に閉じ込められ、食餌状態も悪く、日光不足でビタミンDも不足すると鳥たちの足は弱ってしまう。一九二〇年代に行われた研究により商業用のビタミンD添加物が強化されたニワトリ用の飼料が生まれたわけだが、この決定的な変革が現在の状況へと道を開くこととなった。すなわち一千万羽ものニワトリたちが一つの養鶏場に閉じ込められてしまう時代の到来だ。これらの膨大な数とそれが動物の生活に意味するものに私たちが鈍感になってしまうことは、いともたやすいことなのだ。

私がこの章を書いている間にも、一般的には鳥インフルエンザとして知られるH5ウイルスが、アメリカ合衆国の広範囲を巻き込みながらゆっくりと進行しつつある。ある朝、ニューヨーク・タイムズ紙のビジネス欄でその状況の最新ニュースを見つけたのだが、ネブラスカ州ディクソン郡で新しい症例が出て「これで感染州の数は十六となり、すでに死亡しているものおよび今後殺処分される予定数を合わせると三千二百万羽となる見込み」だという。仮に三千二百万頭のネコやイヌが進行するウイルスの集団感染によって死に瀕しているとしたら、人々がどのような叫び声をあげ、どんな大混乱が起きるかを想像していただきたい。しかし実際にニワトリを飼育していなければ、これらの鳥は、思考、感情、個性を持つ動物というよりも、地元のマクドナルドで四ドル二十九セントで販売される十個のナゲットとして、おそらく私たちにはなじみ深いものなのだろう。しかしニワトリの行動や認知に関する最近の研究によって、次第に私たちにはニワトリの命に対するより微妙な意味合いを帯びた意識が生まれつつある。

ニワトリの知恵

もしニワトリが「バードブレイン（訳注、『ニワトリは三歩歩けば忘れる』に意味合いが近い揶揄するような表現）」ならば、その嘲笑的な言葉も輝かしく新しい意味に値するものとなる。実はニワトリは驚異的な記憶力を発揮し、百羽を超える互いの顔を識別し、数か月も会っていない知り合いの個体を認識する。彼らは二つの選択が与えられると、最良の結果を論理的に考えだす。例えば、色付きのボタンを突くように訓練された雌鶏は、十回のうち九回は目の前に今見えている（小さい）エサを見合わせ、少しあとに見せられる（より大きな）エサの方を選択する。アニー・ポッツは、この行為には今という瞬間と未来との比較による考察が絡んでいると注目している。

雌鶏は自分のヒヨコに対して行動方法の指導を行う際には、自分自身の日常行動を変え、ヒヨコの技術レベルに対する気遣いを見せる。獣医学者のクリスティン・J・ニコルとスチュアート・J・ポープはおいしい食べ物とおいしくない食べ物を使った巧妙な実験でこのことを示した。ニコルとポープは以前行った研究から、雌鶏とヒヨコのエサ探しに関するいくつかの重要な点に気づいていた。つまり、まさに生まれたばかりのヒヨコは、エサかエサでないかの見分けがつかず、両方を突くのだ。雌鶏はエサを示す鳴き方やついばむ動作によってヒヨコをエサへと引き付け、ヒヨコがより質の高いエサだと分かるようにより長く強い鳴き方をする。ニコルとポープは、ヒヨコが食べ物の選択で間違いをしているのを見た場合に、十二羽の雌鶏がどのような行動をとるのか知りたいと考えた。

雌鶏たちには、はっきりと識別できるように色付けされた二つのタイプのエサが同色の器に入れて提供された。一つは鶏用飼料（おいしいエサ）で、もう一つはキニーネ塩酸塩を噴霧した鶏用飼料（おいしくないエサ）だった。ヒヨコは雌鶏とは別個に、おいしいエサだけを与えられたのだが、その一部は雌鶏に与えられたおいしいエサを示す色が付いていて、一部はおいしくないエサを示す色が付いていた。自分がおいしくないエサだと認識するように訓練された方のエサをヒヨコが食べるのを見ると、雌鶏は、おいしいエサのときに比べより激しく地面を突き、ひっかいた。ニコルとポープの下した結論とは、これらの行動はヒヨコの取る選択を再修正させようとするもので、教育的行動に通じるということだ。

ニコルはのちの研究で獣医学者のJ・L・エドガーおよびE・S・ポールと連携し、ヒヨコが置かれた状況を的確に読み取るという雌鶏のすぐれた能力を明らかにした。この三名の共同研究者は、自分のヒヨコが三十秒おきに空気を吹きつけられる攻撃を受けるのを見た雌鶏はより警戒し、鳴き声と心臓の鼓動回数を増加させることを示した。この研究の結論は明白だった。ヒヨコが軽度のストレスを受けると雌鶏たちは興奮したわけだ。雌鶏の知識状態とヒヨコが発する信号に対する雌鶏の反応は別のものだとしたニコルとポープの研究は、同時に以下のことを問いかけた。すなわち、ヒヨコが動揺した態度を見せたせいで雌鶏も動揺を感じたのか、それともヒヨコ自身の信号に影響を与えた状況に関する知識を習得したのかである。

もう皆さんにはその答えがお分かりだろう。ヒヨコが危険にさらされたと雌鶏が認識した場合は、ヒヨコが何をしているか、あるいはどんな合図を送っているかに関係なく、雌鶏の鳴き声と歩く動作が増加し、羽繕いの動作は減ったのだ。研究者たちは、具体的には十二羽の雌鶏に対し空気の吹きつけ（エアパフ）攻撃を加え、特定の場所を危険と結び付けるよう条件付けることでこれを発見した。たとえヒヨコが危険を全く経験しなくても（以前の実験でヒヨコに口に合わない食物が与えられなかったように、ヒヨコは決して空気を吹きつけられなかった）、雌鶏たちの行動は「危険な」場所にヒヨコが入れられるのを観察したときに前述の変化を示した。これはヒヨコの信号がまったく取るに足らないものであるという意味ではない。ヒヨコが自身の予期によって窮地に陥ったことを態度で示した場合にも、雌鶏はストレス誘発性の高体温の兆候を示したのだ（体温は頭部と眼の温度で測定された）。「危険と結びつけるように雌鶏に条件付けられた色の箱の中にヒヨコたちがいたときには、雌鶏が苦痛のような鳴き声を発する時間が増え、羽繕いに費やす時間は減少した」と研究者たちは報告している。

倫理的見地からすると、二つの実験においてヒヨコが実際に大きなストレス要因にさらされていなかったことを確認することが重要だ。ときに雌鶏たちが高体温に似た状態に陥ったことは不幸なことだが、そのストレス状態は比較的軽く短いもののようであり、おそらくそれゆえに、結果として私たちがニワトリの認知および感情移入に関して学ぶことになるものと比較検討のうえ考慮されるべきだろう。

他者がどんな状況にあるのかを推し量る感受性は、ニワトリの母子関係に限られるものではない。一夫一妻を貫いたメアリーと呼ばれる雌鶏とノートリアス・ボーイと呼ばれる雄鶏は絆が強いつがいだが、カリフォルニアのファームサンクチュアリ（訳注、家畜動物の福祉改善などのための保護施設）「アニマルプレイス」でいつも一緒に過ごしていた。ミスター・ジョイにおける二羽の雌鶏の「妻」との行動と同じように、ノートリアス・ボーイは自分より先にまずごちそうを食べさせるためにメアリーを呼んだ。ある嵐の夜には、ノートリアス・ボーイは自分の羽でメアリーをすっぽりと覆って雨から守った。バイオレットとチックウィードと呼ばれる二羽のヒヨコは、メリーランドのイースタンショアサンクチュアリによって保護された姉弟だが、彼らもまたいつも一緒だった。バイオレットがある感染症によって突然死すると、チックウィードの悲しみは憤慨の気持ちへと向かった。しかし施設の世話係がバイオレットを埋葬するのを見届けると、そのあと数週間にわたってチックウィードは墓の場所に戻ってきては静かにそこに立ちつくしていた。

エレン・チェイスという名のニューハンプシャー州の女性は、彼女の飼っていた十二羽の交配種の雌鶏のうち一羽が盲目になったときの出来事を語る。ある一羽の雌鶏がその盲目の雌鶏の付き添い役を引き受けたのだという。このヘルパーは盲目の雌鶏に付き添い、盲目の雌鶏が普段よりも早い時刻に寝たとしても、その横でともにねぐらにつき、盲目の雌鶏の前に虫を置いておくこともあった。アニー・ポッツによれば、一方が年老いてほとんど目が見えず、もう一方が若くて目が見える二羽の雌鶏において他にも似たような関係がみられたことが、動物学者のモーリス・バートンによって報告されているという。そのケースでは、若い雌鶏が友達のための完全なガイド役となり、エサを集めて与えたり、日中は庭の中を夜には寝場所へと案内した。そして、年老いた雌鶏が死亡すると、若鳥の方は食べることもできない状態となり、一週間もたたないうちに死んでしまった。

私が『死を悼む動物たち』を書いた際にも見出したことだが、二匹の動物が深い友情を築き上げた場合、残された生存者が回復できないほど深い悲嘆にくれることは珍しくない。この書では私自身はニワトリにはほとんどふれられなかったが、今日に至るまで私のお気に入りの話題である、ニワトリの仲間に対する共感に関して友人のジーン・クレインズが語ったある話を引用した。それはニュージャージーの郊外でニワトリを飼育していたクレインズが私に語ってくれた以下のエピソードだ。

ある日、台所にいたところ、羽の生えた友達たちの間で騒がしい鳴き声が聞こえた。彼らの叫ぶような鳴き声があまりに激しいものだったので、木の枝にとまっていた鳥たちも一緒になって騒ぎたてた。ニワトリたちはデッキの上に突進してきて、くちばしで引き戸を激しく突いた。私がすぐ外に出ると、彼らは走り出し、私は遅れまいとあとを追った。私たちはまっすぐプールへと突進したのだ。そこで私が見たものは、皆の人気者の雌鶏クラウディがプールに落ちて羽をばたつかせている姿だった。私は手を伸ばし彼女を引き上げた。彼女はただずぶぬれになっただけで、愛情深い仲間の素早い機転によって救われたのだ。

チェイスによって語られたニューハンプシャー発のニワトリの話は、クレインズの物語のようにすべてがハッピーエンドというわけではない。チェイスが飼育していた群れの中で「短い生涯であったが、いじめられて仲間外れにされていた」とチェイスによって表現される、群れの最下位であった雌鶏は、盲目になってしまった一羽の仲間が弱い立場になったことを知ったとたん、新たな大胆さを身につけたのだ。チェイスの記すところでは、「彼女の鬱積していた怒りが一挙に爆発し、容赦も動機もない攻撃を始めた」という。ときには、群れの他の鳥が彼女の攻撃から盲目のニワトリを守ることもあったのだが、ほとんどの場合はそうではなかった。チェイスの群れには、感情移入できる利他主義者や、以前は抑圧されていたのだが今は抑圧する立場に加わりたいと願う賢いものもいたし、さらに盲目の仲間に対して比較的無関心を貫く（自らの明確な個性を別のかたちで発揮した）ニワトリたちもいた。

それゆえ実験的証拠と事例的証拠の双方が、ニワトリが他者の世界観を取り入れて行動する能力を有する存在であることを私たちに物語っている。しかし、首なしニワトリのマイクの話を知っている人なら、いったい鳥の頭脳の中はどうなっているのか不思議に思えて仕方がないだろう。ワイアンドット種の雄鶏のマイクは、何事もなければ一九四五年九月十日にコロラド州フルータに住むオルセン一家の夕食になるはずだった。しかし事態はそうは進まなかった。ロイド・オルセンがマイクの首を切り落とそうと奮闘していたとき、斧の角度がおかしくなったのだろう。マイクは首がもげてしまったにもかかわらず、歩き回り続け、さらにエサをついばもうとし続けたのだ。それは、ニワトリに致命的な一撃が振り下ろされた際によく見られる、ほんの少しの間だけの動きではなかった。こうしてマイクは屠殺されるはずだったのだが、生き残ることとなった。

マイクに関するビデオクリップでエルウィンジョン・ジョンストンが指摘するように、この時点で「普通の人なら手を伸ばし彼を取り上げ、もう一度その呪われた首の付け根をさらに深くを切り落とそうとしていたはず」だ。しかしそうはせずに、オルセンはマイクを介抱することを決断した。スポイトを使い、マイクの食道に直接エサを注入する方法がうまくいった。オルセンは車を走らせ、二百五十マイル（約四百キロメートル）離れたソルトレイクシティのユタ大学の専門家にマイクの診察を依頼した。そこで分かったことは、頸静脈には斧の刃は達しておらず、そのあと傷口で血が固まったことだった。マイクの脳幹は（片方の耳も）ほぼ無傷だった。首は失ったが、その他は健康な状態であり、栄養補給については用手的に細かく砕いたトウモロコシが与えられ、スポイトによって水が与えられた。そしてマイクはさらに十八か月間生きることができた。

この間、マイクは有名なニワトリとなった。ライフ誌やタイム誌で特集され、ロサンゼルスからアトランティックシティ、ソルトレイクシティ、シカゴへとアメリカ中を旅した。これらの余興で稼ぐお金がオルセン家の原動力となり、彼らは借金のない生活と自分たちの農場の改善を夢見た。しかし世間の反応は様々だった。オルセン家は、首のない動物を生かしておくことは親切行為どころではなく、虐待行為だと信じる人たちから抗議の手紙を受け取った。ときにマイクは自力で吐き出すことができずにたまってしまった粘液で息が詰まりかけることもあった。こうなるとオルセンたちは、すぐにマイクの気道を確保するためスポイトを活用しなければならなかった。何か月もこの方法でうまくいくかに思えた。フルータの家でマイクは依然として他のニワトリたちと交流し、普通の雄鶏と同じような日々を送った。そしてある夜の余興からの帰り道、アリゾナ砂漠のモーテルでマイクはまたもや窒息し始めた。今度ばかりはオルセン一家はタイミングよくスポイトを見つけられなかった。マイクは死んだ。そして七十年後の今、マイクにはフェイスブックのページとファンクラブができている。また、フルータでは一九九八年から、マイクの生きようとする意志をたたえる祭りが毎年春に開催されている。音楽会、五キロマラソン、雄鶏の鳴きまねコンテスト、さらには皮肉にも手羽先食いのコンテストがあり、確実に活気ある祝典となっている。

ではマイクが生き延び、脳幹だけで機能したことを考えると、ニワトリの脳でいったい何が起こっているのだろうか。実は多くのことが起きていたのだ。神経科学者のレスリー・ロジャーズの研究では、ニワトリを含む鳥類の脳は私たちと同様、左右脳が分化していて、それは課題解決に必要な作業にあたり左右の半脳の働きが重なることなく別々に働いていることを意味する。ロジャーズはニワトリの前脳における分化を発見したのだが、脳の分業は人間だけのものであると考えられていた時代にこれを成し遂げたのだ(そして今では、この脳分化はすべての脊椎動物に共通していることが私たちには分かっている)。実験的介入により視神経の分化機能を除去されたヒヨコと通常のヒヨコを比較することで、ロジャーズは脳分化によってヒヨコがエサを見つけること(左半脳の仕事)と同時に、捕食動物にも気を配ること(右半脳の仕事)が可能となり、これが半脳による特殊化の利点であることを示した。鳥の右半脳は恐怖の感知や逃避反応を司り、左半脳は詳細な事項を処理する。

鳥類の脳のための学名命名コンソーシアムという楽しい名称の国際的科学者グループは二〇〇五年、鳥の脳のある特定の部位が大脳新皮質と同じ役割を果たしているという新しい発見を広く認知させるために、一世紀もの間使われてきた鳥の脳に関する用語を刷新すべき時期であると宣言した。それは外套と呼ばれる部位のことで、コンソーシアムのメンバーが書くところによれば、「外套は多くの哺乳動物たちのものと同等、もしくは種によってはそれ以上の認知能力を支えている」とのことであり、哺乳動物が新皮質で考え、鳥たちは大脳基底核に根ざす本能によって行動するという言い古された二分法的な考え方は不正確なものなのだ。この団体によって成し遂げられた新しく命名された具体例をみると調べがいを感じる。しかし、ぜひ覚えてもらいたい二つの点は非常に明確であり、鳥は彼らの脳によって可能となる行動上の複雑さを示している点と、哺乳動物と鳥類の間にあるとされている推論能力の隔たりは錯覚に基づくものだという点だ。研究者たちによって明らかにされた鳥の認知力を示す実例としては、アメリカカケスによる記憶の偉業から、カラスによる道具使用など多岐に及ぶ。しかし、鳥類学の世界のこれらのスターたちの頭脳力がニワトリよりすぐれているかという疑問は、まだ十分に研究されていない。コンソーシアムのメンバーたちが言うように、鳥類が哺乳類に比べて大幅に劣っている存在にされてしまったのだが、それと同程度に、同じ鳥類の中でも特に家禽のニワトリが劣っているはずだという偏見による想定がなされてしまったのではないかと思える。

アメリカ人は現在、年平均六十ポンド（約二十七キログラム）の鶏肉を食べているが、これは一九五〇年代の十六ポンドから飛躍的に増えた数値だ。鶏肉料理を楽しむ際、人々は鳥の脳の構造、あるいは雌鶏とヒヨコの関わりに焦点を当てた行動実験の結果などに思いをはせることはまずない。多くの人々にとって「鶏肉」はたんに「おいしい」だけなのだ。

食卓上のニワトリたち

二〇〇一年にスミソニアン国立自然史博物館に本人によって寄贈されたジュリア・チャイルドのマサチューセッツの自宅の台所を歩いてみると、辺り一面からあのまぎれもない声が聞こえてくる。それはチャイルドの古いビデオがエンドレスで流されているものであり、バニティ・フェア誌が二〇〇九年の記事で表現したように、「あるときは漂うように、あるときはファルセットに突入するオペラ風とも言える声」が展示物内に設置されたモニターから発せられている。今でもここに来れば、現在は四十七刷目に達した『王道のフランス料理』(*Mastering the Art of French Cooking*)の著者兼テレビタレントであるチャイルド本人を容易に思い描くことができる。私が思い描く姿の中で彼女は、皮が剥かれ、調理の準備ができた鶏肉に囲まれている。この私のイメージは、一九六三年から一九七三年までボストン公共放送局（WBGH）で放映されていたテレビ番組『ザ・フレンチ・シェフ』(*The French Chef*) によるものだ。二年目の第二話はあっと言わせるような映像と語りで突入する。

大きな包丁を振りかざしながら、エプロン姿のチャイルドが「ジュリア・チャイルドが皆さんにお届けするチキンシスターズ！」と元気よく宣言する。右から左へ一つずつまるでナイトの位を授けるように彼女が叩く六羽の頭部のないニワトリは、奇妙にも人間のような姿勢で支えられている。チャイルドは大きな声で言う。「ミス・ブロイラー、ミス・フライ、ミス・ロースター、ミス・カポネット、ミス・シチューアー、オールドマダム・ヘン！」。次にチャイルドはこの日の主役はロースターであることを説明する。ニワトリのクワッ、クワッと鳴く声と軽快な音楽が続く中、「チキンをローストするには」という文字が画面に鮮やかに映し出され、カメラが六羽の「シスターズ」にズームインする。チャイルドは目の前の鳥のいろいろなタイプの違いを細かく説明しつつ、特別な注意を払いながら、彼女は「見事な鳥」を高く掲げて軽く叩きながらその身体的な情報を提供する。つまり、体重が六・五ポンド（約二・九キログラム）、年齢が五・五か月から九か月の間であることだ。チャイルドはこの鳥が「ニワトリの寿命の最盛期」にあることを宣言する。

距離を感じさせる「イッツ」という代名詞がチャイルドの語りに入り込むことはあるが、真逆のトーンの非常に個人的で親し気なプレゼンテーションが私の心に残る。チャイルドは彼女の「シスターズ」という愛情のこもった呼び方のための関係代名詞として、「ザット」ではなく「フー」によってニワトリたちのことを言い、個々の鳥のことを言う際には「シー」という代名詞を使う。チャイルドはニワトリのことをしっかり心得ていて、ニワトリの解剖学の細かな点を視聴者に説明し、もちろん彼女の話は風味豊かな料理を作りだすことにたいへん役立つ。ときに彼女はまさにミス・ロースターと格闘し、まず首を取るために椎骨の間に包丁を入れる（チャイルドの包丁を振りかざす動作はかの有名な『サタデーナイトライブ』でパロディ化されたのだが、その中でダン・エイクロイドの演じるチャイルドはニワトリをローストするために骨を取り除いている際、血まみれのひどい事故に遭い、ニワトリの骨とチーズクロスで機能的な止血帯を作ろうとする）。

次にチャイルドは大ばさみを使って叉骨を抜き、ニワトリの膝関節の下に鉄のトラス針を通し、肉に突き刺す。ミス・ロースターには生命を呼び起こす魂が残っていて、最後の戦いのために全力を集中しているかのようにも見えるが、当然それはただの空想の産物であり、ミス・ロースターが縛りつけられ表面にハーブがかけられると、擬人的な暗示などはもはやつけ入る余地がなくなる。チャイルドが「バターを塗ってもみほぐす」ことを勧める際にも動物である痕跡は残っておらず、ニワトリは単なる物体である。

それはまるでミス・ロースターがつかの間、人類学者のアルノルト・ファン・ヘネップが識閾（しきいき）状態と呼ぶところのもの、つまりもはや生きた動物ではないもののまだ誰かが食べる料理でもなく、これから食されるための境目に置かれたものであることをショーの始まりの部分で楽しんでいたかのようだった。今はそれはすべてが終わり、私たちにはもはや「ミス・ロースター」の姿は見えず、目に映るものは肉だ。『ザ・フレンチ・シェフ』の今回の放送分が終了に近づく頃、画面上に映し出されるのは、ショーの開始時に表現された堂々と座っているチキンシスターズとは程遠いものだ。チャイルドはきつね色になった鳥が本当によく焼けたかどうか確かめるために足をゆするが、そのとき以外にはすでに切り刻まれる準備ができた動物がおとなしくまな板の上に乗っている。実際にチャイルドがそれを刻みはじめ（今は「それ」が唯一の妥当な代名詞の選択だ）、間もなく私たちが目にするものは解体された枝肉だ。すると快活な音楽が再び流れ、チャイルドの陽気な「どうぞ召し上がれ！」で番組が終わる。

ミス・ロースターに起きたことに代表されるこの変化というものは、何百万もの家庭で毎日起きている平凡なものなのだが、同時に新たな視点で見てみると驚くべきものでもありうる。私たちは、チキンシスターズのような生きている動物に近いが、それからは遠い（裸で頭部のない）識閾状態から始め、最終的には息をしていた動物であるとはまったく認識できない食べ物として終わらせるのだ。動物が物体へと変化する際には、味と香りが最重要なものとなる。はっきりと肉汁が流れ出るジュリア・チャイルドの台所の鶏肉を見ながら、とてもおいしいだろうなと考えていると私の味覚芽が目覚めた。しかし私は鶏肉を食べない。私は台所に直行して叩いたり縛ったりローストしたりするチャイルドの動作を真似ることはなく、あるいは調理準備をすべてシェフがやってくれるレストランに向かうこともなかった。その代わり、私の感覚は、パリのレストランで過ごした数年前の素晴らしい食事の思い出であふれた。つまり飾り気のない、さりげないローストチキンで、サラダ、ポテト、バゲットがついていた食事だ（私たちは旅行中に飛び込みでそのレストランに立ち寄った。ミシュランガイドの星付きではなくローカルなレストランだったが、今もその食事は私の夢に登場する）。

鶏肉料理のロマンはチャイルドが活躍した頃以来、衰退してはいない。鶏肉の料理本は毎年絶えることなく続々と出版されており、どの本も、流行の最先端を行く原始人食ダイエットやグルテンフリー、あるいは「環境のために昆虫食にしよう」といったタイトルと並んで所狭しと書店棚に置かれている。一般家庭の調理者が定番の鶏肉ディナー以外の調理法を求めている中で、料理本であれオンライン上のレシピであれ、たびたび強調されるのは斬新さだ。ダイアナ・ヘンリーが、二〇一五年にポルトガルからタイを巡った旅で出会ったレシピをまとめた著書『手中の鳥―毎日のあらゆる雰囲気に合う鶏肉レシピ』（*A Bird in the Hand: Chicken Recipes for Every Day and Every Mood*）のように、風味の国際化は万民の要求を満たすのだ。また、速くて簡単というのも大きな魅力だ。忙しい二十一世紀の生活を抱え、ジュリアのしていたように鶏肉を縛り、串に刺し、数時間炙り焼きをする時間が誰にあるというのだろう。実際、鶏肉料理のレシピに「簡単な」という単語を入れると、検索エンジンで上位表示されるようだ。グーグルの検索結果の中には新しさと簡単さの二つの要素を組み合わせた表現が見受けられ、男性のフィットネスのウェブサイトでは「あなたを飽きさせない簡単な鶏肉レシピ」が声高に吹聴されている。それは玉ねぎ、ピーマン、冷凍えんどう豆、コリアンダー、辛口の白ワインが目玉で、調理にかかる時間は三十分以内だ。

フレンチシェフの心を奪うものではないだろうが、買うにしても調理して出すにしても、速くて便利な細身のチキンフライは大人気を博している。全米鶏肉協議会は、シアトル・シーホークス対ニューイングランド・ペイトリオッツの二〇一五年のスーパーボウルの対決を前にして、試合当日にはアメリカ人が十二億五千万個のニワトリの手羽先を消費するだろうと発表した。これらの統計数字は、私たちがミスター・ヘンリー・ジョイを個体として認めたり、ミス・ロースターに擬人的なレッテルを貼ったりする行為からも私たちを遠ざけ、大量生産される商品という領域へと私たちを追いやらんばかりに、チャイルドの番組で流れる音楽と同様、軽快な調子で次のように引用される。「十二億五千万個の手羽先の端と端を合わせて並べれば、シアトルのセンチュリーリンク・フィールドからマサチューセッツ州フォックスボロのジレット・スタジアム間を約二十八往復する距離になる。アリゾナで行われるスーパーボウルの場合では、十二億五千万個の手羽先はグランドキャニオンの周りを百二十周することになるだろう」。

このような遊び心に満ちた言い回しは、新しい鶏肉料理を生み出そうとする気まぐれな欲求にも反映されている。ロサンゼルスの中心街にあるレストラン「チョコチキン」では、甘さに一ひねりを加えたコンフォートフード（訳注、ほっと心が安らぐような食べ物）が出されたが、その鶏肉には地元のココスイスから取り寄せたほろ苦いチョコレートがまぶしてあった。チョコチキンの「高品質、放し飼い、地元産」の鶏肉は、二〇一四年春にロサンゼルス・タイムズ紙で紹介され、メディアの話題をさらったが、そのレストランはその年の十二月に閉店してしまった。鶏肉を食べる異色な経験に関しては（ときおり行われるセンセーショナルでタブロイド紙が飛びつくような生食イベントは別として）、タガメや生きたタコを食べることに似たものはないようだ。『エピュラリオすなわちイタリア風祝宴』（*Epulario, or the Italian Banquet*）として英語に翻訳された十六世紀のイタリアの料理本には、生きたままの鳥が中に入れられたパイの作り方が載っている。この場合の趣向は、鳥がパイから舞い出て、ディナー客を驚かせて喜ばせることである。というわけで、食べられるわけではなく、いずれにせよニワトリが絡むことはありそうもない。しかし「タコへの挑戦」にもっと近いものは、ここでもニワトリが絡んでいるわけではないが、ズアオホオジロと呼ばれる小さな鳴き鳥を丸ごと食べる（しかし、生きたままではない）、最近復活したフランスの伝統料理だ。イギリスのインディペンデント紙は二〇一四年にこの食体験を次のように報じている。

鳥は八分ほど調理され、頭が付いたまま出される。恥隠しのナプキンでディナー客の頭部が隠され（料理のにおいを遮るためでもある）、ズアオホオジロが丸ごとディナー客の口の中にポンと入れられる。そしてディナー客は頭も骨もすべて食べはじめる。ズアオホオジロを味わった人たちは、ヘーゼルナッツと生臭い味がしたと騒ぎ立てる。

バロットとは卵殻の中の孵化直前のアヒルの子を食べる料理で、目、くちばし、羽根、骨をその他の部分と一緒に飲み込む。シェフのクリス・コセンチノはバロットを試食して「とても素晴らしい」と言い切ったが、彼は食とは挑戦的な行為であるべきだと信じていて、目や骨をかじることで、毎日の食材選びの幅が広がる可能性があると言う。コセンチノはこの哲学に基づき、ブタの脳のハム、子ヒツジの心臓、直火焼の肝臓や大腸を添えた蒸しブタの頭、チョコレートと血のプリン、さらに簡単なものでは耳のスライスも添えられた生豚肉などを呼び物にした料理を出している。

鶏肉に関しては、市場を牽引するのは手羽先とマックナゲットだ。私たちが最も好む鶏肉は、完全に死んでいて、しっかり加工されているものだ。マイケル・ポーランが書いたように、現時点においてチキンナゲットはアメリカの子どもたちとってそれ自体で一つの食品ジャンルとなっている。毎日ナゲットを食べる子どももいるし、私は夕食にナゲット以外のものを食べることを拒否した一人の子ども（自分の子ではないが）がいたことを知っている。

鶏肉消費の代償

健康な肉としての鶏肉のかつての評判が打ち砕かれてからしばらく時間が経った。鳥インフルエンザのような致命的ウイルスの忍び寄る広がりではないが、鶏肉を食べる代償として明らかになったことは、ニワトリとそれを食す人間の消費者にとって急を要するものとなっている。

アメリカ疾病予防管理センターによると、カンピロバクター、大腸菌、サルモネラによる死亡事例や関連疾患の主要原因が家禽だとのことだ。イギリス食品基準庁による二〇一四年の調査では、イギリスのスーパーマーケットで売られている新鮮な鶏肉の七十三パーセントが食中毒の原因となる病原菌のカンピロバクターに汚染されていた。また、ほぼ同じ頃、コンシューマー・レポート誌がアメリカ国内の店舗で売られていた三百以上のニワトリの生むね肉を検査したところ、「オーガニック」と表示されたブランドを含む九十七パーセントで潜在的に有害でありうるバクテリアを見つけた。

私は二〇一一年の大みそかにアニー・ポッツの『ニワトリ』を自分が読み終えたときのことを鮮明に思い出す。その章「食肉用のヒヨコと卵を産む機械たち」にある以下の一節が特に印象深い（さらに今ではその「印象深い」に「ずっと心に残る」を付け加えることができる）。

鶏卵産業に関係しない（繁殖用以外の）雄のヒヨコは孵化して二十四時間以内に殺処分される。毎年アメリカだけで二億七千二百万羽を超す雄のヒヨコが、毒ガス、マイクロ波、窒息法、細粉砕法（別名「瞬間粉砕」）によって処分され、その遺骸はまとめてペットフードとして使われる。業界の専門家は高速回転する刃による粉砕は殺処分としては最も人道的な方法だと主張しており、理由としてそれが最速の処分法だとしている。しかしその殺処分のプロセスが鶏卵生産者によって取り上げられることは滅多にない。なぜなら、生まれたばかりのヒヨコはかわいく、イースター、春、新生を意味するものであり、この処分方法が一般に受け入れられる可能性は低いからだ。

私は細粉砕法については知らなかった。私が知っていたのは、毎年肉用として世界で五百億羽のニワトリが屠殺され、このうち約八十億羽がアメリカで処理されていたことだ。一世紀の間にニワトリは、その個性ゆえに家族に愛されていた動物から、世界で「最も尊敬されず、人間によって最も都合よく操られた存在」へと変貌を遂げたとアニー・ポッツは結論付けているが、私にはその根拠が十分であることは分かっていた。というのは、ブロイラー専用の養鶏場がたくさんある（デラウェア州、メリーランド州、バージニア州にまたがる）デルマーバ半島からそう遠くない東部沿岸に私は住んでいるからだ。そこでは、肉用のヒヨコが、ストレス、汚物、苦痛という状況下で、屠殺前の六週間飼育されている。そこにはニワトリを収容するバタリーケージもあり、卵をとるために産業的に飼育されている雌鶏の生活、さらには私が把握しきれていなかった回転刃で処分される雄の死があるのだ。

ポッツの著書を閉じたその瞬間から、私はニワトリを食べていない。このとき以来ハンバーガー、ベーコン、ロブスターサラダが私の食事から消えて何年にもなるが、私には何ら後悔はなく、それらを渇望することもない。しかし鶏肉をあきらめることは別の話だった。私は大好きな鶏肉料理を食べたくなったし、今もそうで、特に手製のチキンポットパイ、チキンコルマそしてもちろんローストチキンなどが恋しくなる。半世紀続いた鶏肉の食事を絶ち切ることは、ずっと行われてきた家族の慣例的儀式の思い出との離別でもあった。すなわち、それは両親や叔母とともに私が親類宅を訪問するためにニュージャージーからミッドウェストまでドライブしながら、途中の州ごとに異なる調理法のフライドチキンを食べた子ども時代に始まる食事習慣との別れを意味するものなのだ。

ポッツがその著書を出版してから数年、現場すなわち食肉処理場からの報告によって、ニワトリの衝撃的な苦しみに関して彼女が伝えようとしたメッセージはより強いものとなった。二〇一五年にコラムニストのニコラス・クリストフがニューヨーク・タイムズ紙において、ノースカロライナのあるニワトリの食肉処理場で行われた「動物のための慈悲活動」による覆面調査について報じた。ニワトリたちは帯電風呂によって意識を失い、そのあとベルトコンベアに乗せられ首を切り裂くのこぎりへと向かうことになっている。この目的は次の段階に達する前に死に至らせ、血抜きすることであり、その次の段階とは屠体を仕上げるための沸騰する熱湯風呂なのだ（ここで「ミス・ロースター」の物体への変化が恐ろしいほど鮮明になる）。しかし帯電風呂と刃物の致命的な組み合わせをもってしても、ニワトリの中にはベルトコンベアの最後まで生き延び、そのまま熱湯に入れられるものもいる。アメリカ合衆国農務省は「適切な屠殺方法が行われていない」ニワトリの数を年間七十万羽としているが、クリストフに言わせると、これは「多くの場合、熱湯死の婉曲表現に他ならない」。

クリストフの明白な表現は必要であるのだが同時に混乱を起こすものでもある。食品となる動物の死に関する言葉は、ときにぼかされ美化されさえもする。ニワトリの熱湯死を喜んで受け入れる人はいないが、明らかにそのような慣行が容認されている。しかし、シェフのダン・バーバーの著書『食の未来のためのフィールドノート「第三の皿」をめざして』（*Third Plate: Field Notes on the Future of Food*）を読んで分かったのだが、食べ物のために殺される動物たちには「甘美な」死もあると主張する言い方もある。スペインのエドゥアルド・ソーサは、大きな囲いの中でガチョウを自由に採餌させながら飼育し、彼が

「天然のフォアグラ」と呼ぶものをとるための企画を立ち上げた。フォアグラまたはガチョウの肝臓を生産するための典型的なアプローチとは、屠殺する前にガチョウの食道にエサを強引に押し込むという人工的なものである。それとは対照的にソーサは、放し飼いの期間を設け、苦痛なく屠殺することを目指しているが、彼に言わせると、この方法が鳥の福祉だけでなく、肝臓の風味にも重要なのだそうだ。ソーサがダン・バーバーに語ったところでは、ガチョウの屠殺は「ストレスがまったくない状態で行われ、それは人間が浴槽で手首を切るようなものであり、いわば甘美な形態の死」なのだそうだ（バーバーは、喉を切られる前に氷の中に投げ入れられる魚を「冷たく甘美な死」と表現した人がいたことも紹介している）。

　ソーサの放し飼いのガチョウのように、放し飼いのニワトリも（かなり大きな面積を動き回ることが許されれば）産業型農場で飼育されているものより、はるかに快適な生活を送る。私が肉を食べる友人からよく聞く議論とは次のようなものだ。「私はその動物が良い生き方をし、配慮ある死を迎えたことが確認できている限り、良心に鑑みて堂々とニワトリ、ブタ、ウシのような家畜を食べることができる」。道理をわきまえた人なら、放し飼いのニワトリの方が比較的良質な生活を送っていることや、彼らがより配慮ある死を迎えることに異議を唱えることはないだろう。しかしその良質の度合いが十分であるかを問いかけることには意義深いものがある。ジェームズ・マクウィリアムスはアトランティック誌に投稿し、放し飼いにもつきまとう、彼が呼ぶところの「重荷」という要因、言い換えれば動物の屠殺に関しては「比較としての良さ」は受け入れられないという事実を引き合いに出す。彼は次のように主張する。「家畜は時間と空間の中で個体としての自覚を持ち、潜在能力を有する存在であり、彼らを殺すことはその潜在能力を抹殺することだ」。

　そして魚と同じように、ニワトリを食べるか否かを考えている人には幅広い選択肢がありうる。二〇一五年に私が三人の著名な完全菜食主義者の動物保護活動家にインタビューした際、動物の倫理的扱いを求める人々の会（ＰＥＴＡ）のアルカ・チャンドナは、自分の食選択が鶏卵産業を含む工場式農場経営システムに加担していないと知って安心したと述べている。彼女がときには外食した際など、間違って非完全菜食主義者のための料理を出されてしまうことがあるという。チャンドナは私に語った。「もし私に卵の入った料理を出されてしまった場合は、私のコミュニケーション不足で結果的に一羽の雌鶏を三十四時間（訳注、一羽のニワトリの産卵数を年間約二百六十個とした場合の一個にかかる平均時間）バタリーケージで苦しませることになってしまったのだと考える（さらに雄のヒヨコが捨てられ、最終的に屠殺されるなどの付随的苦しみなども同じだ）」。チャンドナなどの完全菜食主義者たちは、工場式農場で育てられたニワトリではなく、放し飼いのニワトリを選択する消費者、あるいは卵だけは食べる菜食主義者よりもさらに徹底した姿勢をとる。

もちろん動物保護活動家はニワトリだけを気にかけているわけではない。しかし彼らの多くにとって、ニワトリは特別な位置にいることを私は知った。ジョナサン・サフラン・フォアはその著書『イーティング・アニマル―アメリカ工場式畜産の難題』（*Eating Animals*）の中で、ＫＦＣ（ケンタッキーフライドチキン）は「間違いなく歴史上で世界の他のどの会社よりもニワトリの苦痛の総量を増やした会社」だと指摘し、その理由は食肉処理場でひどい扱いを受けたものを含むおよそ十億羽のニワトリを毎年買い上げているからだと述べている。私が米国動物愛護協会の農場動物保護部門副部長のポール・シャピロに対し、どんな動物福祉の事項が最も緊急課題かと聞くと、彼は一瞬のためらいもなくニワトリの生活状態をあげ、その理由はその数が膨大であり、激しい苦しみを受けているからだと答えた。私たちが食べ物としている陸上動物の九割以上がニワトリであることを彼は指摘している。さらに、動物愛護活動家、菜食主義者、完全菜食主義者がニワトリの苦しみを軽減しようとすることでどんな効果をもたらしているのかを尋ねると、彼は次のように答えた。

これまでのところ、ニワトリにとって最大の進歩は食肉用ではなく、数ははるかに少ない採卵用に対してのものだ。カリフォルニア州法プロポジション２〔自由に反転したり、横たわったり、立ち上がったり、羽を広げたりできるよう、狭すぎるケージに家畜を閉じ込めることを禁じる施行法〕や、多数の企業（バーガーキング、スターバックス、アラマークなど）がケージフリーへの転換を要求するポリシーを打ち出してきたことは、アメリカのニワトリにとって最大の動物福祉の進歩の一つだ。しかし食肉用のニワトリに関しては、最大の進歩と言えることはアメリカ人の肉の消費量減少に伴い、その飼育数／屠殺数が減少したということだけだ。

しかし肉の消費量減少は、私がすでに述べた最近の数十年間の鶏肉消費率の全体的な増加に照らして考える必要がある。動物愛護協会同様、カレン・ディビスによって創立されバージニアに拠点を置く活動団体の家禽懸念連合は、ニワトリの状況改善のために戦っている。同団体は五月四日を「国際ニワトリ敬愛日」と制定し、五月全体をニワトリの福祉に充てることを提言している。その考え方は、支持者たちが五月四日にニワトリやニワトリに関する目的のために具体的な行動を起こし、月間さらには年間を通し、ニワトリのために運動し続けることだ。このような象徴的な日が重要なのだ。なぜならこの日を契機に私たちの関心が高まり、ニワトリとは脳の左右分化によって問題解決を図る存在であり、大いなる個性を有する賢い母親であり、友人であり、あるいはライバル同士であることにあらためて思いをはせることができるからだ。

ニワトリをテーマとした二つ目の記念日「小規模な養鶏業者を敬う国際デー」も同じように有益なものだろう。世界中には生活の糧をニワトリに依存している小規模（産業化されていない）養鶏業者が何百万人もいる。ヒヨコを意欲的かつ思慮深いミスター・ヘンリー・ジョイのようなセラピーチキンに育てたり、雌鶏の様々な個性をたたえることは、これら数百万のほとんどの人々には選択できることではない。彼らにはニワトリがもたらしてくれる肉と収入が必要なのだ。私が一九八〇年代に西アフリカのガボンや東アフリカのケニアに滞在していた頃、小規模な養鶏場という地元の伝統が当たり前のことだった。しかし今は大規模なものとなっていて、アフリカのNGOが人々、特に女性たちを巻き込んで養鶏業に参加させているが、それは大きな労働力を要することなく利益をもたらすものであるからだ。

アメリカやヨーロッパの観光客は、ブウィンディ原生国立公園内の有名な「侵入不能な森林」の入り口であるウガンダのブホマの町に押し寄せる。堂々としていて希少なマウンテンゴリラを観察するブウィンディ・トレッキングの準備のため、高級ロッジに滞在する観光客もいる。そして彼らがホテルのメニューから卵を使った料理を選択すれば、地元の小さな養鶏業者のチャンス・クリスティンが自分や子どもたちのために（路上でおかゆを売っていた頃よりも）より快適な生活を切り開こうとする努力を支援することになる。ジャーナリストのディーパ・クリシュナンは記事「次の改革としての養鶏業」の中で、クリスティンが七十羽の雌鶏が産んだ卵の販売によって得たお金で、自分と三人の息子のために、バナナの木を植えるのに適した裏庭付きの素敵な家を買う余裕ができたことを報告している。クリシュナンは、小規模な女性農業従事者にとってニワトリはすぐれた選択肢であることに注目している。管理が比較的容易だという理由だけでなく、多くの男性優位の文化の中では男性にとって重要なのはウシであるからだ。

その日に販売する卵の準備ができたら、クリスティンはボダボダ（バイクタクシー）に乗り込む。ボダボダは乗車の際に正確なバランス感覚を必要とする交通手段だが、彼女は卵を割ることなく無傷の状態でブホマやブヴィンディのロッジに運ぶ。彼女は一件の顧客につき一か月で約九十ドルを稼ぎ出すほどの成功ぶりだ。クリスティン自身はお金を稼ぐ必要から通学を七年で終えたが、彼女の息子たちはそれより先の段階の学業まで進む予定だ。

クリスティンの仕事に関しては卵にのみ焦点が当てられているため、雌鶏がどのような頻度で屠殺され肉用として売られているのかは明確ではない。もちろんその慣習は世界中の多くの小さな養鶏業者にとって日常的なことだ。そしてそのような慣習をマクウィリアムスの「重荷の要因」の下に覆い隠して、それで終わってしまうのは近視眼的な行為だ。なぜならそうすれば、貧困が人々の食選択に対して制限的な影響を与えることを認め、いわゆる交差的アプローチを無視することになるからだ。第1章で述べたように、植物や昆虫のタンパク質に基礎を置いた肉をとらない食事によって、私たちは世界的に肉への依存から徐々に遠ざかることはありうる。例えばケニアでは、ナイトシェード、ササゲ、アマランサスといった「土着の野菜」が新たに人気を博している。これらはタンパク質、ビタミン、ミネラルのすぐれた供給源であり、地元の農業条件にも適している。

ニワトリは植物や昆虫に比べて、高い知性、感受性、意識によって周りの世界を経験している事実がある。大切なことは、私たちが将来、工場式農場からの決別を目指し努力する中でも、現在できうる最善を尽くして、私たちの食の仕組みにおいてその事実を尊重することだ。ミスター・ヘンリー・ジョイのような存在が多数出てきて、その影響が工場式農場まで広がり、個体として認識されないまま生活し死んでいく何十億羽のニワトリすべてに安らぎをもたらしてくれればよいのだが。

第5章　ヤギ

皆がこぞって「流行」ペットを欲しがる現代のブームは、アメリカでは燃え上がったかと思うとそのうちに消え去るというふうに素早く変わる傾向がある。最近の太鼓腹をしたブタの流行が色あせたかと思えば、次にはピグミー種で搾乳用のナイジェリアン小型ヤギが舞台の中央に躍り出る。ロサンゼルス・タイムズ紙によれば、ペットのヤギを欲しいと考える都会生活者の数が二〇一五年に急増したという。脚本家で監督のベン・コールナーがウォール・ストリート・ジャーナル紙に語ったところでは、ヤギは現在「ちょっとした大流行」なのだ。

私たちの消費者文化から考えると、コールナーの発言が主として意味することは、ヤギがマーケティング対象であるということだ。コールナーが手がけたスナック菓子のドリトスのCMでは短気なヤギが主役を務め、それが二〇一三年のスーパーボウルの試合中にテレビ放映されると急に大人気となった。このCMに出てくる貪欲で下心がありスナックを欲しがるヤギは、飼い主が蓄えておいたドリトスを容赦なくむさぼってしまう（やがてそれは四十二袋、そのあと百五十六袋に達する）。蓄えがなくなってしまうと、ヤギは家中を暴れまわるが、ある部屋で隠しておいたチップスを抱えて縮こまっている飼い主の姿を見つける。ヤギの怒り狂った振る舞いと私たちが耳にするＢＧＭの不吉な音色が相まって、事態がこれからこの男性にとってうまくいきそうもないことが暗示される。

この映像が流れる間中、ヤギは叫び声をあげる。ヤギの人間に似た声高な金切り声が現在のヤギのミーム（訳注、社会的、文化的情報）のカギで（この強烈な二分間の「人間のように叫ぶヤギ」のビデオを見落とさないようにしてほしい）、ケイティ・ペリーやテイラー・スウィフトのようなポップスターのミュージックビデオでも、人気のあるヤギのビデオゲーム「ゴートシミュレーター」でも聞くことができる（あなたはもはやヤギとはどんなものかを空想する必要はない）。ウイキペディアからゴートシミュレーターの説明を引用すると、「広大な世界地図の中をあますところなく可能な限り壊して回ろうとすること以外に目的を持たないヤギの行動をプレーヤーが抑え込むのだ」。そこに見られるのは、大衆文化の中で目的のない破壊者としてしばしば描かれるヤギの総括的な象徴なのだ。

歴史的にヤギは性的に節度がなく、御しがたい、多少（もしくは多分に）邪悪な部類に入るものとして描かれる傾向がある。プリニーの『博物学』（*Natural History*）の中で私たちは、ヤギはヒツジより「情熱があり」、「決して極度の興奮状態が止むことがない」ことを知る。すべての生き物にやさしい態度をとった模範者としてのイエスは、彼の右側に座しているヒツジのことを地を継ぐものと言ったが、ヤギは左側すなわち地獄側に配置した。さらにあの酒浸りで性的に貪欲で、広く恐れられている半分が人間で半分がヤギの姿をしたギリシャの神、パンを思い出してほしい（大きな恐怖を「パニック」と表現するのはこのパンを語源とする）。

中世にテンプル騎士団は、バフォメットという名の得体のしれないヤギのような神を崇拝したとして非難された。この神は十九世紀の絵画によって最もよく知られ、男性と女性の特徴を併せ持ち、大きく広がる翼を有する人間の体に、まぎれもなく角が生えたヤギの頭部を持つ。何世紀もの間、バフォメットはオカルトと深く結びついていった。二〇一五年七月、数百人もの悪魔崇拝者と好奇心の強いやじ馬が合流し、一トンもの重さのバフォメット像の落成式のためにデトロイトに集結した。

ヤギが持つ悪魔的な響きは何世紀も続いてきた。ヘンリー・アルフォードの記述によれば、今日でもヤギは広く「馬鹿で悪魔的」だと見られている。悪魔のようなヤギは、単なる挑発だとしてもサタンを呼び出すことをためらわない一部のヘビーメタルのミュージシャンに受け入れられている。あるヘビーメタルのウェブサイトではこのように表現している。「ヤギは屈強かつ勇敢な動物で、仲間をやっつけるための信じられないほど頑丈な頭を持つ。水平の瞳孔はまったくグロテスクでたいへん不気味だ。しかし実際にはこれらの動物は最も根本的なところで人間性を象徴している。ヘビーメタルファンはこのつながりを即座につかみ取るのだ」。

より平凡な象徴化の例は、卒業式で成績が最下位の士官候補生を「ヤギ」として選出するウェストポイントの米軍陸軍士官学校で見られる。この特別目立つことのないあだ名にはすぐ悪評がつきまとい、そして各々のクラスメイトからは一ドルが贈られ、結果としては悪い成績をとったことで大枚千ドルがもらえるのだ。有名なウェストポイントのヤギの中には、北軍の将軍で南北戦争の英雄になったジョージ・アームストロング・カスターがいる。

鳥に「バードブレイン」というレッテルが貼られているとしたら、ヤギにとっても同じようなものだ。しかし性的に興奮していて、あまり利口ではなく、悪に結びつけられた彼らの評判も私たちの味覚に響くことはなく、ヤギ肉は世界の消費量ではブタに次ぐ第二位だ。数年前、私はケニアのアンボセリ国立公園に住んでいたのだが、そこのヒヒの研究所に一人のマサイの友人が立ち寄った。そのとき彼が家族からの贈り物だと誇らしげに差し出したのは、茶色の紙に包まれたヤギの足だった。アフリカをはじめインドやイタリア、そしてメキシコやカリブ海地域にも及ぶ各地の料理では、ヤギの乳やチーズに留まらず、ヤギ肉のシチュー、ソーセージ、チリコンカルネも珍重されている。

奇妙にも急激に広がるヤギのペット飼育という現象と相まって、食の対象としての消費はアメリカで高まりつつあり、過去三十年間においてヤギの屠殺数は十年ごとに倍増している。ヤギ肉料理ファンの熱中ぶりは高まりつつあるのだ。ロサンゼルスで、作家のナサニエル・リッチはビリア（メキシコで人気のヤギのシチュー）を試食するために出かけた。初めて味わったビリアに対する彼の描写は「脇腹の脂肪肉や軟骨、太くて黒い血管や繊維質の肉には、ピリッと辛く赤くて珍しい形の骨がたくさん入っていた」とかなり生々しい。別のレストランでリッチは、メニューに書かれたこんな警告を発見した。ビリアの肉は骨の破片が入っていることがあり、それが喉に刺さって窒息する可能性があるという。おそらくそれは、生きたタコを食べるときの触手がくっついたまま喉へと降りていく感覚や大きなバッタを噛むほどつらいものではないだろう。しかし骨っぽくて筋だらけのヤギ肉からして、その何がいいのかと聞きたくなるのも当然だ。しかし味わいの良さは明らかであり、さらに厚切り肉でも鶏肉に比べカロリーが四分の一ほどで脂肪分は半分以下なのだ。

乳とチーズも一翼を担っている。ガンジーは肉を食べず、牛乳を飲むのも拒んだが、ヤギの乳は大好きで、インドからロンドンへの公式訪問の際にも雌ヤギを連れていったほどだ。ヤギのチーズはたいへん風味豊かで、ブリー、チェダー、ゴーダなどはヤギの乳から作られる。歴史的にはフランスとのつながりが最も深いのだが、一九八一年にアリス・ウォータースがカリフォルニア州バークレーのレストラン「シェパニーズ」でヤギのチーズを出すと人気を博しはじめた。ここのサラダは、パン粉でコーティングされて軽く焼かれたやわらかくてクリーミーなシェーブルチーズで飾られていて、このチーズはローラ・シェネルという女性が地元で育てたヤギから作ったものだった（シェネルの経歴も素晴らしい。ヤギに親近感を感じた彼女はフランスでチーズ作りを覚えたあと、自分の農場でシェーブルチーズ作りに取り組み、二〇〇六年に農場を数百万ドルでフランスの会社に売却した）。

おいしいシチューや極上のチーズを生み出すものとして見れば、ヤギは興味の対象にもなりえる。モロッコのヤギはエサを見つけるために木に登る。と言うよりも、木の上に歩いて登り、水平の枝に立ってエサを食べる。樹上生活をする反芻動物など、なかなか見ることができない驚くべき姿だ。これらのヤギは牽引力のある蹄によって環境に有効に適応している。アルガンの木（鉄木）の葉や小さな実を食べるのだが、緑が豊かではない地帯では重要な栄養源となるのだ。

国際失神ヤギ協会は、別の興味深い種類のヤギを保護するために活動している。それは先天性ミオトニー（筋強直）と呼ばれる筋肉異常を個体が受け継ぐという希少種だ。これらのヤギは、驚いたときなど特定の瞬間に筋肉の硬直、あるいは「擬死（失神）」を経験し、そして突然地面に倒れ込む（ナショナルジオグラフィックの短いビデオが実際に筋強直を起こしているヤギを紹介していて、二〇〇九年のジョージ・クルーニー主演の映画『ヤギと男と男と壁と』（*The Men Who Stare at Goats*）の予告編でも見られるが、瞬きをしてしまうと見逃すことになるから気を付けてほしい）。しかしヤギたちは完全に失神しているわけではなく、しばらく倒れていてもまたすぐ飛び起きる。成長するにつれ、少なくとも一部のヤギは筋肉の硬直を安定させ、地面に転ばないようにする方法を経験から学び取っているようだ。協会はヤギたちを「注意深く性格のいい動物」と表現し、「協会にヤギを登録するためには、失神しているヤギの写真を一枚提出することを求める」ときっぱり警告している。協会のメンバーは失神するヤギのファン集団として活動しているわけでなく、テネシー州で毎年開催される「ヤギ、音楽、その他盛りだくさん」という祭りでは、これらの動物をたたえている。

実用的でさらに気味悪いという意味で、デトロイト・レッドウィングスのファンが相も変わらずホッケーの試合中に氷上にタコを投げるのとあまり変わらないかたちで、ヤギはいくつかのスポーツに登場する。二〇一三年には、切断されたヤギの頭部がシカゴ・カブズのオーナー宛の小包に入れられて、リグレー・フィールドに配達された。この不愉快な行為は、一九四五年にビリーゴート酒場の所有者によってチームにかけられた「呪い」に関連していることは間違いない。その酒場の所有者は野球観戦の仲間であるヤギから発せられる不快なにおいのために、ワールドシリーズの試合中に球場から退場させられたのだ。その時点では、カブズはシリーズをリードしていたのだが、結局負け続けた。そのあとの数十年間、この呪いを解こうとして何度かリグレー・フィールドへのヤギの来場が許された。呪いは二〇一六年まで続いたが、その年にようやく素晴らしいかたちで解かれた。すなわち、カブズがワールドシリーズを制したのだ。

アフガニスタンの国技であるブズカシでは、頭のない腸抜きされたヤギをボールとして使う。その起源は古く、このゲームは全米公共ラジオ放送が伝えるようにアフガニスタンの生活の一部になっている。ラジオ放送はまたそれがいかにヤギにとって残酷なものかを明らかにしている。「試合の朝にヤギが選ばれ、ハラール法に則って屠殺される。喉が切られ、血が抜かれる。そのあと首が落とされ、内臓が抜かれ、蹄が切り取られる。皮は元通りに縫い合わされる。そして試合時間を迎える」。もしあなたがこの慣習を不快に感じるのなら、アメリカではフットボールや野球のボールが何の素材でできているのかを思い起こしてほしい。日曜の午後や月曜の夜、スタジアムで行われるフットボールの試合前に、スポーツのために皮を捧げるウシたちを私たちが屠殺しないからといって、ウシの命が助かるわけではないのだ。

ヤギはどこでも取り上げられ、よく会話に登場する。しかし、ヤギを扱うテーマやミームでも、ヤギが日常生活を営む中で何を知り、感じているかが取り上げられることは滅多にない。そうなるためには、私たちはセラピーチキンのミスター・ヘンリー・ジョイをすべての点で個性あるものとしてとらえたように、ヤギを個々のものとして認識する必要があるのだ。

ヤギの実際

シロイワヤギのミスターGが、檻の中で耐えられない状況に置かれながら、生気なく横たわっているところをカリフォルニアのグラスバレーにあるアニマルプレイスの救護官が救い出した。というのは、動物に対して正しい世話を施せないある女性が、ミスターGやジェリービーンという名のロバ、そしてその他の動物たちを十年間彼女の小さな土地で飼育していたのだ。ミスターGは新しい環境では親切にされたが、糖蜜やリンゴでもミスターGの興味をひくことはできなかった。まったく動こうとはしなかったのだが、アニマルプレイスのスタッフは筋肉を少しでも鍛えるようにミスターGに運動を促した。

健康診断において、ミスターGは肉体的には元気であることが確認された。そのためミスターGの世話係たちは、問題は医療的なものではなく、彼の心にあるのではないかと考えはじめた。実は、ロバのジェリービーンは別のサンクチュアリに連れていかれたのだった。誰もが考えつかないほど、ヤギとロバの友情が深まっていたということだろうか。ミスターGがやって来て六日目にアニマルプレイスのスタッフがジェリービーンをこの友達の所に連れていったところ、ミスターGは目を輝かせて喜び勇んだボディランゲージでジェリービーンに挨拶したのだ。二頭の動物たちは互いに鼻面をくっつけた。それから二十分もするとミスターGは食べはじめ、ジェリービーンに身を寄せた（ミスターGの変貌ぶりを映したアニマルプレイスのビデオを見逃さないようにしてほしい）。今ではヤギとロバがアニマルプレイスの六百エーカー（約二・四平方キロメートル）のサンクチュアリで一緒に暮らしている。

グラスバレーの南西およそ二百マイル（三百二十キロメートル）、青い太平洋の眺めが美しい沿岸沿いの国道一号線から少し離れたペスカデロの町にある、ハーレー農場のヤギ搾乳場に二百頭のアルパイン種のヤギの群れが暮らしている。四分の一世紀以上もの間、ハーレー農場は農場ベースの搾乳場だった。この小規模な施設で育てられるヤギは一日に二回搾乳され、一頭から毎日とれる一ガロン（約三・八リットル）の乳からは一ポンド（約〇・四五キログラム）のチーズができる。二〇一五年、私が夫と友人たちと一緒にここを訪れたとき、私たちはひと群れのヤギが檻の木陰で休んでいるだけでなく、ヤギの間を王者の風格をした褐色のラマたちが静かに歩いていることに感心した。この二種は互いに注視はしていなかった。しかしこの互いに無関心な態度は、危険が迫った瞬間にガラッと変わる。ペスカデロはアメリカライオンやコヨーテが生息する地域の真っただ中にあるのだが、ラマはこれらの捕食動物あるいはイヌからヤギを防衛する最前線として毅然とした行動をとる。

「特別な存在感」のあるラマのバートは、生涯ずっとこの防衛という有益な役割を果たしていた（バートはおよそ二十八歳で数年前に亡くなった）。ある夜、農場の創設者のディー・ハーレーはバートの警戒鳴きで眠りから覚めた。ハーレー農場のケイティ・コックスは私にその話を次のように語ってくれた。

バートはヤギたちの前面にいたが、そのヤギたちは野原の中でぴったりと身を寄せ合って群れを成し、スタッフの飼うシェパード犬はヤギたちが夜を過ごすはずだった休憩舎とバートの間にいた。私たちはその頃、ヤギと一緒に二頭のヒツジを飼っていたが、そのシェパード犬に一頭のヒツジを殺されてしまったことがあった。そんなわけで、バートはヤギたちを棲み処から野原へと誘導し終えたあと、彼らと捕食者であるそのイヌの間に立っていたのだ。殺されたヒツジは群れの動きに対応していなかったのだ。

別の日には、訪問客が連れてきた一頭のイヌがヤギたちと一緒に牧草地へと突進していったことがあった。バートはイヌにめがけて唾を吐き、素早く身をひるがえしてイヌとヤギの間に割って入った。どんなラマであっても（たとえバートでも）、アメリカライオンには太刀打ちできないだろうが、ケイティ・コックスはラマが三頭そろえば、農場の電気柵もあるので、イヌへの対応策もさることながら夜間の保安になると考えている。彼女は特に次のように指摘している。「ラマたちは確かに夜の捕食動物が逃げていくのを見届けた。コヨーテはここではよく見かけるし、ディー・ハーレーはラマが夜のうちにフェンスの下に作られた穴やそのそばに何日も座っているのを見たことがある」。ラマの知覚の鋭さは我慢強さとともに注目に値する。ハーレー農場で道路に向かって払う見た目にも分かる注意深さから判断すれば、ラマには農場へと散歩にやってくるイヌや近所の住民が視界に入る最大十分前には察知できるのだろう。

もしラマがここでは賢い英雄であるとするなら、（ヒツジとは違って）ヤギに備わった目覚ましい能力として、種全体を通してコミュニケーションの手がかりに気づく仕組みがある。つまり互いに鋭敏に調和する能力に根ざした技術だ。その六月の午後、ペスカデロをあとにしてサンタクルズ（私がニワトリのベラを抱いた所）近くのワイルダー・ランチ州立公園へと旅したあと、私はヤギの群れの中に歩いて入っていくように促された。朝早くにすでにヤギとの出会いは経験済みだった私は、ヤギたちが互いに、特に群れのアルファ（最上位の）雌のピーナッツに十分な気配りができていることがすぐに分かった。ヤギを導くのはネコを導くのとはかなり違う。ワイルダー・ランチの動物プログラムコーディネーターのサニー・シャッカーが、ヤギをなだめて別の場所に移動させたい場合には、彼女はまずカギとなるピーナッツを動かして、他のヤギをその気にさせるのだ。しかし群れの中のエマ、デイジー、バイオレットや他のヤギたちが無意識にあとに続くということではなく、彼らは進みながらも、自分たち自身のいさかいやもろもろの懸念に気を配っている。

家畜たちの生活の内情を強調した「物ではなく生きとし生けるもののためのプロジェクト」の顔として、ファームサンクチュアリが白いザーネン種のプリンスを選ぶことにしたのは、群れの中で他の個体と息を合わせる社会的な能力に長けていたからだ。プリンスは二〇一二年時点において、アメリカで生活する二六二万二五一四頭のヤギのうちの一頭であった。各々のヤギの居場所はアメリカ合衆国農務省によって地図上に記録され、地図学（あるいはヤギの）愛好家には眺めているだけでも素晴らしい地図なのだ。プリンスも、五百頭のヤギが印されたカリフォルニア内の点の集まりに小さな貢献を果たしていたのだ。その点はテキサスの中央部でなおいっそう濃くまとまっているが、そこのエドワーズ郡では二十二対一の割合でヤギの数が人間を上回っている。アメリカではこれらのヤギの四分の三以上が肉用として育てられている。ミスターGあるいはハーレー農場やワイルダー・ランチのヤギのように、もともとは鍋に入れられるはずだったとしても、プリンスはヤギの生活とはどのようなものなのかを垣間見せてくれる。

生後二週間の小さな子ヤギだった頃、プリンスは運転手がスピード違反で停車された際、車の後部座席にいるところを警察官に発見された。プリンスは袋の中に入れられ、ほぼ確実に誰かの夕食になるところだった。動物救護活動のルートを通じて、プリンスはファームサンクチュアリにたどり着いたのだが、ここでスージー・コストンがプリンスと出会ったのだ。この時点でプリンスは衰弱していて、シラミだらけで、肺炎を患い、食べる際に痛みを伴う口内炎を起こすオルフと呼ばれるポックスウイルスに苦しんでいた。しかし適切な看護によってプリンスは回復しはじめ、モリーと呼ばれる年長で病弱なヤギと絆を深めた。おそらくモリーの緩慢な動作が、病気の若いヤギの減退したエネルギーとぴったり合ったのだろうし、両方のヤギの健康が回復したあとも友情が深まっていったのだろう。

しかしプリンスの大好きなことは、ホモサピエンスとぶらぶら歩くことで、それはイチゴ、バナナ、糖蜜などのごちそうに決して引けを取らなかった。サンクチュアリの見学ツアーの日には、プリンスは門の近くで最初の訪問者を待ち受けていた。数時間後、プリンスはしんがりを務め、見学ツアーを締めくくった。コストンは次のように私に語った。「プリンスは生活している施設の人々だけでなく、ここにやってくる訪問客にも密接する生き方を選択したのだ。彼は人にとてもやさしく接するヤギだった」。

サンクチュアリに来てから二年後、プリンスは母乳を通して子ヤギに伝染する治療法のないウイルス感染症、山羊関節炎・脳脊髄炎（ＣＡＥ）と診断された。この病気が引き起こす関節炎の痛みを緩和するために、プリンスは大好きな糖蜜に包まれた薬物投与による治療を受け、強壮用サプリメントも服用した。その後約二年間、プリンスは病気にめげず生き続けた。そのあと、回避できない衰弱が始まり、そして最終的に左足がまったく機能しなくなった。ある夜、明らかな痛みの中、プリンスは納屋の自分の居場所から立ち上がり、群れの各々のヤギの所に行って、一頭ずつ頭に触れたのだ。なぜプリンスはこのような行動をとったのだろうか。プリンスは自分に残された時間が少ないことにある程度気づいていたのではないだろうか。彼はさよならを告げていたのだろうか。それはロマンチックな考え方だが、私はこの考えには組したくはない。というのは、動物が自らの死を予期することは問題外だからというわけでなく、私たちにはそれを確認できる方法がないからだ。私には、その身体的な困難さからして、プリンスの行動は完全に意図的であり、自らにとって意味を持つ行動であったと言うだけで十分だと思える。

ヤギの思考や感情に関する実験主導による研究は、私が紹介してきたプリンスやカリフォルニアの他のヤギから学んだことの補足となる。ヤギたちが学ぶ際は互いに依存しているのではなく、社会的というよりも個別に情報を取得しており、高度な思考および長期記憶を要する課題を得意としていて、自分が受ける処遇には明らかに感情豊かな反応を示すことなどが、科学的実験によって判明している。

フルーツボックスやその他の課題

野生のものに比べて、飼育下にあるヤギの方が体は大きく脳は小さい。この脳の大きさの減少は、過去一万年以上にわたる互いの進化の中で、ヤギが人間との間に持つことになった関わり合いの特性によってほぼ確実に説明がつく。野生のヤギは雄、雌、子どもたちが絶えず形成する社会で暮らす。そのうちそれが解散し異なるメンバーと再編成するという、チンパンジーの社会の特徴でもある離合集散と呼ばれる集団生活様式をとる。この他者の流入という構造では、どの個体がやってきてどの個体が去っていくか、どの個体がどの個体にどのような行動をとっているかに精通するという、ヤギの社会的スキルが貴重なものとなる。さらにはエサ探しがたいへんな難題であるモロッコの鉄木のヤギの例のように、不毛な地域で生息することもありうる。それでも彼らは繁栄している。このことから、野生のヤギはエサ探しと急速な社会的変化を把握することに長けていくというかたちで進化してきたことが分かる。

数千年もの間、私たちとの交流を増やす中で、次第にヤギはこれらの難題と向き合うことが減っていった。彼らの脳の萎縮がその一つの結果であり、それは生物学者のエロディ・ブリファーにより、ヤギの学習や記憶力に関して下された結論をさらに素晴らしいものにしている。ブリファーと同僚は、イングランドのケントのバターカップスサンクチュアリにいる十二頭のヤギに、フルーツボックスと呼ばれる課題を解決するように訓練した。ヤギたちには一つの箱が与えられ、唇や歯を使いながら、ロープの付いた操作レバーを引き寄せ、そのあと口か鼻面でそのレバーを引き上げなければならなかった。この二段階の連続動作が正しく行われると、箱からご褒美のエサが出てくる。十二頭のうち九頭のヤギが見事にこの課題を学び取ったが、これができるのには八～二十二回の試行が必要だった。

結果で素晴らしかったのは以下の部分だ。すなわち、九頭のヤギは長期間にわたりその難題を解決する方法を記憶していたのだ。最初に問題を解決して以降、二十六日から三百十一日目の様々な時間間隔で難題が再度与えられても、ヤギたちは難なくこなしてみせた。彼らがこれらの結果を発表した学術誌の公式的な論調という制約はあったものの、ブリファーとそのチームは抑え気味に喜びを表し、ヤギの「注目すべき長期記憶」を強調した。さらに頭が鈍い家畜だというすでに広まってしまった仮説（神話）に照らすと、それはかなり注目すべきものなのだ。

この実験では、ヤギの中の何頭かが別の「実演を披露する役」のヤギによって課題を見せられ、他のヤギは見せられることはなかった。私は、ヤギの社会的性質に照らし、別のヤギが最初に技術を示した場合、フルーツボックスの課題をより迅速に学習すると予想した。しかしながらそうではなかった。ヤギたちは社会的学習の傾向を示さなかったのだ。また別の研究を引用し、ブリファーはオオカミと比較しつつ、飼育下のイヌは他のイヌよりも人間からより容易に学ぶかもしれないと指摘している。ここにはおそらくある形が存在し、すなわち、飼育下にある動物は、社会的ではない性質の問題を解く際、互いから手がかりを拾うことはそれほど容易ではないということだ。

ヤギはさらに対象物の永続性や分類学習のような高度な思考力を示す。クリスチャン・ナブロトと同僚たちは、ドイツ・ライプニッツ家畜動物生物学研究所でナイジェリアンドワーフゴート（ナイジェリアの小型ヤギ）を用いて実験し、いわゆるBではなくてAだというタイプの認識において、間違いを犯すことは滅多にないことを見出した。ヤギたちはまず三つのカップのうち一つにご褒美のエサが入れられるところを見届ける。次にそのエサがカップから出され、ヤギの目の前でそのご褒美が第二の位置へと移動される。ヤギたちは最初の（しかし今は間違っている）位置に「固執する」ことなく、ほとんどにおいて正しい位置にあるご褒美を見つけることができた。続いての実験は「置き換え」タイプのもので、ご褒美が一つのカップの下に入れられ、別のカップは空のままにされ、そして二つのカップの位置が入れ替えられる。同じカップが使われるとヤギはご褒美を見つけることが困難だったものの、カップの色やサイズが変わると彼らの成功率は急激に上がった。移動する物の行方を追う、かなり高い能力に基づき、著者たちは、ヤギはその物理的環境を「認識する高度な力」を持つと結論付けている（そして一つの実験結果を報告する際、著者たちに「やる気のなさゆえに一頭の被験者を除外しなくてはならなかった」と言わしめたヤギには、私たちの誰が共感せずにいられようか）。

同じドイツの研究施設において、スーザン・メイヤーとその同僚たちが、ナイジェリアンドワーフゴートに人工的に作った平面記号を分類させた。その記号は形が同じで、中央が空白か黒く塗りつぶされているかのどちらかだった。どちらの試験でも、四つの記号が液晶ディスプレー上に自動的に提示されたが、ヤギたちにより難しい課題を与えるために二つではなく四つの記号が用意された。このタイプの研究では多くの場合、動物たちは特別な場所に入れられてしまうが、この実験ではヤギの環境福祉に配慮し、液晶ディスプレーはヤギたちがいつもいる畜舎の中に設置された。

その狙いは、ヤギに全体的な記号の形を無視させて中央部に集中させることである。中央が空白の記号を選んだときにはご褒美が与えられ、塗りつぶされた記号の場合では与えられず、どの四つの組も一つの記号しか中央が空白になっていなかった。ヤギたちは特定の記号の見分けに苦労したが、おそらくそれらの記号では縁がギザギザになっていたことで一種の知覚機能不全が起きたからだろう。しかし全体的には彼らの記号認識能力は見事なもので、ヤギたちはまず分類化したうえで新しい記号をそれらに当てはめていたのだ。

私たちが見届けてきたように、ヤギは互いからは学習しない傾向があり、実験では対象物や記号のテストを個々の能力で乗り越える傾向が示されている。しかしヤギは社会生活の中でも頭脳を活用している。ブリファーと同僚たちは、雌ヤギが自分の子どもたちの発する鳴き声を離乳を終えた生後約六か月の時期に記憶しているかを見出そうとした。ヤギは子どもの世話は母親だけが行い、父親は参加せず、群れ全体の雌たちによる共同の子育てもない。出産直後には、母親と赤ちゃんはにおいを通して互いを認識する。次第に彼らが距離を保ちはじめると、相互認識のための視覚や音声による手がかりが始まる。ブリファーのチームはイギリスのある農場で、生後五週間目の小型ヤギの子どもの連絡鳴きを録音し、録音直後と十一〜十七か月経過後の二つの異なる時間軸で母親にそれを聞かせた。この二回目の録音再生実験の際には、子どもたちは離乳してから少なくとも七か月が経っていて、すでにその下の兄弟たちがしきりに母親から授乳されていた。母親はこの時点で、なじみのあるその他の子ども（自分の子どもではない）の鳴き声も聞かされた。母親の最初の子どもの鳴き声は、なじみはあるのだが血のつながりのない子どものものより、現在の子どもの鳴き声に似ていることが判明した。

鳴き声を聞く母親たちの反応は、スピーカーを見る頻度と時間、母親の鳴き声の回数、それらの行動のタイミング（鳴き声を再生してから反応までに要した時間）によって測定された。自分の子どもの連絡鳴きに対する母親の記憶力は、一年後も（つまり二回目の再生時にも）強いものだった。母親たちは、子どもの鳴き声に対して五週間目により強い反応を示したのは確かだが、すでに離乳した自らの子どもの鳴き声に対しては一年後も血のつながりがない子どもの鳴き声より強く反応した。母親は、以前に録音した子どもの鳴き声を現在の子どもの鳴き声だとたんに誤解したのだろうか。ブリファーと同僚たちは、そのようなことはほぼありえないと結論付けている。なぜなら兄弟姉妹の鳴き声は似ているものの、おそらく遺伝学によれば、それらははっきり区別できるからだ。彼らが言うには、これらの発見によって「音声に対する哺乳動物の驚くべき記憶力が明らかになる」とのことだが、私がさらに付け加えたいことは、それが大きな頭脳を持つゾウやチンパンジーにおいてではなく、しばしば過小評価されているヤギにおいても存在することだ。この驚異的な音声に対する記憶力は、特にヤギのような離合集散社会においては、雌が短期的に密接な血筋のつながりを維持するのに役立つ可能性があり、進化という時間軸では自然淘汰されていくものだろう。なぜなら、母親や息子のような血のつながったヤギ同士が交尾するという遺伝上のリスクを回避する助けとなるからだ。

ヤギの気分

ニワトリ、ウシ、ブタとは異なり、ヤギは常に工場式農場で飼育されているわけではない。それでもヤギが常に虐待や世話の放棄を回避できているわけではない。ブリファーが行動実験を行っていた場所の一つであるバターカップスサンクチュアリは、およそ百三十五頭のヤギであふれている。それはヤギの世話だけに特化したものとしては、イギリスで唯一登録されたサンクチュアリである。見学ツアーの日には、褐色や黒、白、そして様々な色が混じった顔が外を覗いていたり、他のヤギが奥の方でもじもじしている中、カリフォルニアのファームサンクチュアリのプリンスのように訪問客との交流を求めて大胆にも挨拶しに来るものもいる。これらの個体間の違いはヤギの飼育者にはなじみ深いものだ。小説家のブラッド・ケスラーは、バーモントで農場生活をするためにニューヨーク市をあとにし、ヤギの酪農を始め、じきに雌ヤギのハナとリジー、そして子ヤギのパイ、ニサ、ペニー、ユースタス・ティリーらに囲まれた日々を送ることとなった。ある点では、彼にはヤギたちは同じ心の持ち主に見えた。つまりヤギは新しいことではなくお決まりの日常を好み、搾乳のときにはケスラーの冷静さに対し、ヤギも落ち着いた様子で応えた。しかしリジーは際立った存在だった。彼女は「完璧なほどよく乳を出すヤギであり、母親として群れの安全の守りも完璧で、夜には納屋の前庭の警備もし、草を食むときにはしんがりを務めた」。

来客がリジーの幼い娘である二頭の子ヤギを購入するために農場を訪れると、群れが周りに集まった。しかし体調がすぐれなかったリジーはそれには加わらず、他のヤギとは離れた丘の上にいた。そのうち、子ヤギのうちの一頭が母親のいる丘まで届く声で鳴いた。リジーが鳴き返すと、子ヤギは丘を登っていって母親に顔を摺り寄せた。間もなく、双子の子ヤギは新しい所有者のトラックに載せられた。そのときリジーは丘を降りていき、娘たちに向かって鳴いた。トラックは遠ざかっていった。すべてのヤギのうちリジーだけが一頭だけで一時間もそこに立ったままだった。彼女は車道を見下ろしていたが、ケスラーの記述によれば「たてがみを風になびかせて、娘たちを最後に見届けた場所を見つめていた」とのことである。

ケスラーの言によれば、彼がヤギとともに過ごす時間を重ねれば重ねるほど、ヤギたちの生活の情緒面は「複雑で素晴らしい」ものに見えてきたそうである。また、雄の子ヤギは雌に比べ、より頻繁に食品になる運命にあることも彼には分かっている。「若くて母乳で育った子ヤギの肉はとろけるようにやわらかく、比較的年長の子ヤギはバーベキューにされたり、串に刺されて丸ごと焼かれたり、さらに年長のものは蒸し煮、とろ火煮込み、乾燥肉などにされたり、カレー料理にされたりする」と彼は書いている。ロサンゼルスや世界中で賞味されるヤギのシチューは結局のところ、どこかで育てられたものだ。私が群れを守るラマがヤギの間を堂々と歩くところを観察したり、搾乳される雌の充実した生活を見たカリフォルニアのハーレー農場にも雄はいない。彼らがいない理由は明らかである。

ケスラーのこれらの二重の解説、すなわち素晴らしいヤギの感情と炙り焼きの子ヤギを賞味する行為がどう共存できるものなのかを推し量ろうと私がもがく様子は、農場関係者にはどうしようもないほど感傷的なものに確実に見えるはずだ。ニワトリと同様、ヤギは世界中で日常的に小さな農場で飼育されていて、そこでは個体として認識され、さらに家庭の食卓用として屠殺されるのだ。菜食主義者や完全菜食主義者は、どれほど人道的に育てられようとケスラーのヤギは食べないだろう。私が第4章で述べたように、見解におけるこの本質的な違いは（他の問題もある中で）、「人道的に育てられ屠殺される」という概念が意味を成すかにかかっている。世界が動物を愛し、食べることを拒む人と、動物を食べ、無関心または軽視する人とにきれいに分かれると判断するのはあまりにも安易で間違っている。

このような倫理的な議論の中で、ヤギが悪い状況から救われ、行きつくことができるサンクチュアリが、ヤギの認知力同様、個性や感情に対する研究の場となりえる。ブリファーはアラン・マクエリゴットと共同で、ヤギの過去の履歴が現在の楽観性の度合いに影響するものかを見届けるために、バターカップスサンクチュアリにいる異なる二組のヤギに対して実験を行った。

　実験対象の九頭はバターカップスに来るまでひどい状況で生きてきた。そしてそれらのひどい苦しみを受けてきたヤギが「質の劣る福祉」のグループとして集められた。例えば、向きを変えることもできないほど小さな檻に入れられていたり、冬でも身を隠す場もないコンクリートむきだしの所に閉じ込められていたヤギもいた。他にはひどいエサが与えられ肥満していたり、傷を負っても一度も治療されなかったり、あるいは適切な世話がまったくされないままフェンスにつながれたりしたものもいた。これらのヤギと比べて、統制群である第二グループの九頭のヤギは、十分なエサや身を寄せる場、医療ケア、仲間との交流を満喫してきたのだが、飼い主が世話しきれなくなったためにサンクチュアリにやってきたものたちだ。これらの十八頭のヤギはすべて、少なくとも二年間はこの素晴らしいサンクチュアリの状況下で生活していた。

　ブリファーの実験装置はヤギたちのなじみの野原に設置された。五本の廊下が一つのアリーナ中央から放射状に延びていた。互いに正反対の方向に延びた二つの廊下は正の廊下と呼ばれ、その先端にはリンゴとニンジンが入ったふたで覆われた青色のバケツが置かれていた。また、ご褒美のエサが入っていない負の廊下が一本あり、ただ青色のバケツだけが置いてあった。その間に四十五度間隔で三本の「曖昧な」廊下があり、それらのバケツも空であった。曖昧な廊下を閉鎖してから、ヤギの半数は右手のエサを、残りの半数は左手のエサを期待するように訓練された。ヤギたちが正と負の廊下を区別できるようになると、曖昧な廊下も開かれた。そしてヤギの行動の測定はとても正確に行われた。研究者の説明によると「ヤギが各廊下の先端に到達するまでの反応時間を、ヤギの前肢の一本がゲートを通過してから、アリーナ先端のラインを前肢の一本が通過するまでとして」計測された。このような方法で、各廊下で何が見つかるかの肯定的な期待度を示す代用データとして速度が使用された。

驚くべきことに、質の劣る福祉のグループの雌は廊下をより速く移動し、統制群のものより楽観的であった。この結果はブリファーとマクエリゴットが実験前に予測していたものと逆であったが、彼らはその違いが統計的有意性に達していないことを強調している。一方、雄では統制群の方が速かったが、ここでも有意には達していない。要するに、虐待されたグループのヤギであっても、その期待度は他のグループと比べて悲観的というわけではなかったのだ。

なぜ雄と雌の反応は異なるのだろう。雄ヤギたちはほとんどすべての場合で、雌ヤギよりも悪い待遇を経験していたことまでは、私たちには分かっている。おそらくその要因だけで雄雌の差は十分説明がつくだろう。あるいは、ヤギの雌は雄よりも一般的にストレスの影響を受けにくい可能性もあり、気質における個体差がカギとなりうる可能性もある。この二つの仮説に対してはさらに多くのヤギを調べるべきだろう。

この研究が本当に個性に関するものでありうるのだろうかと、不思議に思われるかもしれない。それはイエスであり、特定の方法でそうなるのだ。確かに、人間によって示された親切や虐待を含む生活上の境遇に対するヤギの反応の仕方は、生まれながらの傾向と独自の生活経験によって形成されるはずである。しかしながら、ブリファーとマクエリゴットはヤギの気分に注目し、その気分を特定の出来事というよりもむしろ、短期間の感情状態の蓄積から生じる長期間かつ広汎性の情緒状態として定義している。彼らが説明する気分は、動物（人間を含む）の期待を導くことが知られている。気分がいいと楽観的な傾向へと、気分が悪いと悲観的な傾向へと向かうのだ。

実験装置で楽観傾向を示したヤギは、サンクチュアリの他のヤギとの関わりの中でも明確な個性を示すと言えるのだろうか。彼らの方がより明るく、外向的あるいは陽気なのだろうか。今のところ私たちには分かっていない。しかしヤギの気分の研究は、私に希望に満ちた気分をもたらした。というのも、ヤギは虐待や世話の放棄を受けたあとでも情緒的に回復する可能性があるからだ。このことこそ、まさに動物の救済を試みようとする人たちの願いなのだ。

その歓迎すべきニュースには一つの意味ある教訓が伴う。すなわち、期待や楽観が可能な動物たちは生きる喜びを受容できることだ。ミスターGは、ロバのジェリービーンという長年の友との再会に対する反応で、そのことを私たちに示してくれている。私たちの文化では、跳ねまわったり発情したり、まったく愚か者であるというヤギのイメージが固定的に利用されてきた一方で、日常的な習慣を自由に行うヤギに対する制御された科学実験と注意深い観察の双方により、ヤギは賢く、自分に起きることに関して感情を表明するという正確な回答が得られてきているのだ。

甲高く鳴き、製品販売のための文化的ミームとして（「一つの物」として扱われている）ヤギは、明らかに小規模農場の経営者たち、サンクチュアリで働く人たち、動物行動学者、さらには実際のヤギを愛好する人たちに知られているヤギの姿ではない。私はツイッター上の100% Goats（@EverythingGoats）の十九万二千人のファンの一人で、そこでは混乱をもたらす悪者としてではなく、むしろやさしい存在としてヤギが登場している。このテーマに沿って、私は「ジェントルゴートシミュレーター」という名の新しいゲームの特許を取得するかもしれない。そのゲームでは、人間たちと友達になり、記号問題を解いて自慢し、群れの友に喜びと癒しをもたらすヤギの姿が描かれるのだが、売れるだろうか。これは未知のヤギの登場なのだ。

第6章　ウシ

ビーフリブが出てくると座の会話がにわかに中断してしまう。それには見事なまでにやわらかい肉塊が、ジュラ紀を彷彿とさせる長い曲線状の骨についている。接戦で差はわずかだが、それは理論の上でも味の上でもおそらくむね肉を凌ぐだろう。

（イーストビレッジのマイティクインズバーベキューに対するニューヨーク・タイムズ紙の論評）

ビーフリブを「ジュラ紀を彷彿とさせる曲線」と詩的に叙述した表現に、肉が好きな人は思わずよだれが垂れてしまうかもしれない。そのニューヨーク・タイムズ紙のレストラン論評が出た直後に私が参照した記事は「ビーフリブの禅」というものだが、これもリブの「ジュラ紀的なサイズ」にふれていた。先史時代の過去を連想させる牛肉とはいったい何なのかと、人類学者に問わせる十分な力がビーフリブにはあるのだ。初期の人間たちは動物の狩りと同じくらい（場所によってはそれ以上に）植物を採集した。しかし、あなたが大皿のおいしいサラダについて、ジュラ紀的な大きさと表現されるのを聞いたことはあっただろうか。

もちろん私たちホモサピエンスや私たちの直接の祖先が、二億年の昔、中生代に始まったジュラ紀に存在していたわけではない。私たちの血統は約六百万年前に他の類人猿の血統から枝分かれしたにすぎない。それでも、狩りで獲得した肉や他の肉食獣によって倒された死肉を食すことで、私たちの特大の脳の発達が促進されたことは明らかだ。少なくとも二百五十万年前までには、東アフリカの私たちの祖先たちは動物の体から肉をそぎ取るために適した道具を作成していた。

肉食は人間の進化の軌跡のカギとなっている。ということは、ビーフリブやむね肉に対する詩的な表現に接すると唾液が出てしまうという反応は、私たち人類の奥深くにその記憶がしみ込んでいるということを意味するのだろうか。私たちが現在、そして将来にもわたって肉を消費せよという進化に根ざす強制力は存在するのだろうか。これらの疑問に最も中心的に関わってくる動物はウシをおいてほかにない。

ウシへの執着

ウシが私たちに提供してくれるものは肉に留らず、その食品に対する需要には驚異的なものがある。アメリカだけで一年におよそ百六十億個のハンバーガーが消費されている。私たちのチーズの消費量は過去四十年間でおおむね三倍になった。ボトル入りの水や砂糖がたくさん入った大型ドリンクなどの流行もあって、私たちが牛乳を飲む量は減ったが、それでも毎年六十億ガロン（約二百二十七億リットル）の牛乳が売られている。

アメリカでは毎年、一人あたり平均四十八パイント（約二十二・七リットル）のアイスクリームを消費していて、その量は他のどの国民よりも多い。アイスクリームはしばしば子ども時代の思い出と結びつき、私たちの想像力を特別にかきたてるものだ。一九六〇年代に私がニュージャージーで育った頃、ハワードジョンソンのレストランでの外食に出かけることは大きな魅力だった。いとこや私がスツールに腰をかけていたカウンターの奥には、なじみのチョコレート、バニラ、ストローベリーをはるかに超えた巨大な選択肢のアイスクリームが置いてあった（当時の「巨大な」とは自慢の二十八種のフレーバーであった）。バターピーカンやペパーミントスティックの風味は、私たちには六〇年代の急進派的なものだと感じられた。最近、子ども時代のアイスクリームの思い出について友人同士で会話を始めたところ、四十代から六十代の友人が突然子ども時代に戻ってしまうのであった。例えば、近くの町でレモンアイスクリームを楽しむために両親と車で出かけたインディアナの五歳の少年、あるいは日曜に祖父母と車で酪農場を訪れた、高級感漂う響きのフレンチバニラに夢中なオハイオの少年といった具合だ。さらには、友人の両親と一緒に赤いムスタングのオープンカーで新鮮なブラックラズベリーのコーンを買いに出かけた幼い少女もいた。そして、夏の夜に屋外へと走り出て、グッドユーモアのアイスクリーム販売車を追いかけ、クリームシクルを買うために十セント硬貨や五セント硬貨を差し出している子どもが多くいた。私たちアイスクリームのファンには、今日ではまばゆいばかりの選択肢がある。現在の私のお気に入りのグラハム・セントラル・ステーションやチョコレート・ラズベリー・トラッフルは、アボカド、ヤギのチーズ、砂糖漬けピスタチオ、あるいは四川風ペッパーコーンチョコレートなどの選択肢を提供していて、異国風アイスクリームの範疇では敵なしだ。

アイスクリームに対する愛着には恐るべき力があるが、元をたどればウシに対する最強の執着が表面化するのはおそらく牛肉の世界においてであろう。アウトワード・バウンド協会（冒険教育機関）の活動の料理版である肉食への挑戦の集いでは、食べる人の忍耐力や限界を探る。インディアナ州ケルシーの二つのステーキハウスでは、ディナー客は六ポンド（約二・七キログラム）チャレンジに挑むことができる。

九十六オンス（約二・七キログラム）のサーロイン、ベークトポテト、サラダあるいはスープ、パンを一時間以内に平らげれば食事代は無料となるが、二十年間での成功者は十人に達しない。この低い成功率は無理もない。というのは、それは四分の一ポンドのハンバーガー二十四個分の肉を用意するのに十分な量なのだ。ラスベガスのモンテカルロカジノ内のブランドステーキハウスはもっとひどいもので、テーブルに運ばれる牛肉は百二十オンス（一オンス＝約二十八・三グラム）に達する。そのサイズは皆で分け合うためのものだが、一人ですべて平らげれば無料になる（これに関しては成功データが見つからなかった）。ニューヨーク州ノーウィッチのガスステーキハウスのディナー客は、完食無料となるためには八十オンスのステーキと一つのサイドディッシュを平らげなくてはならない。

これらの恐ろしいほどの戦いに挑む肉好きの人たちは、体格がウシ並みとまではいかないにしても、頑強な男性であると考えて当然だろう。しかし二〇一四年、オレゴン州ポートランドのセイラーズ・オールド・カントリーキッチンでは、モリー・スカイラーという名の女性が七十二オンスのステーキとサイドディッシュとサラダを三分以内で平らげた。一時間後彼女はハンバーガーも食べた（彼女の体重は百二十ポンド［五十四キログラム］である）。

このような見地に立つと、ステーキハウスは儀式的な場としての様相を帯びてくる。フードライターのジョシュ・オザースキーは、極端な食べ方をするコンテストの参加者だけでなく、普通の顧客にも当てはめることで、この儀式としての食事という考え方と戯れながら思いを巡らす。「ステーキハウスは最も厳密な意味ではレストランではない。心情的には、人々が自己耽溺の儀式を求めるようなストリップ劇場やスパリゾートに近く、ストレスの多いビジネスマンや悩みを抱える妻たちが緊張状態のはけ口を求める、ディオニソス（訳注、集団的陶酔を伴う祭儀における神）のような奔放な憂さ晴らしの場なのだ」。それに三分間で六ポンドの肉を飲み込むのは、味わうどころの話ではない。このような厳しいペースではオザースキーが「強火で焦がした極上の巨大な厚切り牛肉」と呼ぶものの味を楽しむ時間はない。しかしほとんどの牛肉愛好家たちにとっては、先に引用したうっとりとするようなレストランの論評が示すように、もちろん味はとても大切だ。

牛肉の曲線ほど詩的な響きはないかもしれないが、牛乳は必需食品である。ウシは私たちに牛乳という恵みを与えてくれるが、そもそも赤ちゃんを育てる哺乳類の母親だからだ。しかし、生物学のこの基本的な事実に関する知識は、私たちの多くが畜産業すなわち食物の出所との関係性が薄れていくにつれ失われていく。二〇一二年の調査によると、十六〜二十三歳のイギリス人十人のうち四人は牛乳がウシからとれることを知らず、七パーセントはどういうわけか小麦に由来するものと決め込んでいた(問題はウシに留まらない。というのも、二十パーセントの人がジャムは穀物由来と答えたのだ)。

牛肉を食べることがたたえられ、牛乳の主たる出どころが私たちの理解から薄れていけば、自分自身の生活を有する動物としてのウシは、多くの場合まったく姿の見えないものとなる。車に乗ったり、歩いたりして広い放牧地のそばを通り過ぎれば、ウシが草を食む姿を垣間見て楽しむことができるし、牛乳パックや広告板では元気なウシの顔を見ることができるだろう。しかし、農場を営んでいない私たちのうちの何人が、間近で個々のウシと接して過ごしたことがあるだろうか。

ウシとのつながり

私がウシの仲間を選べるとしたら、私のリストの上位に来るのは、ニューヨーク州ワトキンス・グレンにあるファームサンクチュアリの施設で暮らすトリシアとスウィーティーだろう。両方とも盲目だ。スウィーティーは、コンクリートの床と日光が入らないのが特徴のカナダの酪農場で生まれた。ファームサンクチュアリによれば、スウィーティーは「容赦のない授精、妊娠、出産のサイクルに耐えた」。二組の双子を産んだときを含み、スウィーティーは出産するたびに、雄の赤ちゃんは乳が出ないという理由で、雌の赤ちゃんはそれが方針だという理由ですぐに引き離された。どの赤ちゃんも母親の元に留まることはない。群れの一員として八年間過ごしたのち、スウィーティーは屠殺対象となった。このときには、すでにスウィーティーは体調がすぐれなかった。やせて疲れ果て、足は細菌に感染していた。

これらの困難にもかかわらず、ここぞというときに幸運がスウィーティーに味方した。飼育することはできなかったのだが、屠殺という事態になることに耐えられなかった余生馬の世話人によってスウィーティーは引き取られたのだ。そしてファームサンクチュアリが介入したのだが、その理由には、スウィーティーに対する同情心だけではなく、ワトキンス・グレンの施設ですでに生活していて、屠殺をかろうじて逃れた盲目のウシであるトリシアの日々を明るくしたいという願いもあった。以前にトリシアは、腰の負傷で障害を負ったウシとの絆をサンクチュアリで深めていたのだ。やがてこの友達ががんで死ぬと、トリシアは悲しみを訴える様子で首をたれるなど、悲嘆の兆候を示した。

スウィーティーとトリシアを一緒にするまでには時間がかかった。双方に健康診断が必要で、カナダ国境からアメリカに入国するためにはあらゆる種類の書類作成が必要だったからだ。ファームサンクチュアリのナショナル・シェルター・ディレクターのスージー・コストンは、スウィーティーが二〇一四年にワトキンス・グレンの施設にやってきたときに起きたことを次のように表現した。

彼らの出会いは傍目にも素晴らしいもので、実際にスウィーティーを納屋に入れるとトリシアがその空気をかぎ取り、自分の隣に一頭のウシがいることを理解した。スウィーティーの方も同じ反応を示した。最初の数日は互いに触れ合うことはできずにいたが、すぐに鼻を寄せはじめ、彼らは大いに音声のやりとりをした。じきに同じ干し草入れからエサを食べはじめた。初めは互いを確かめ合いながら、ぎこちなさもあったが、夜が深まる頃には互いになめ合っていたのだ。

彼らは互いに離れられない仲になってはいたものの、コストンは次のように付け加える。「トリシアの方は長年自分の棲み処であった牧草地にいた方がずっと居心地がよくて、ときにはスウィーティーから遠く離れた所まで行ってしまった。そんなときは、スウィーティーが牧草地でトリシアを探し、モーモーと鳴いているところが聞かれた」。

その鳴き声とは、私たちが再び耳にすることになる鳴き声だ。というのは、それは強制的に引き離された際に、母ウシと赤ちゃんが互いに発声する鳴き方だからだ。しかしこの二頭の場合には、鳴くことで盲目のウシたちが互いに再会できるのだ。トリシアの悲しみを訴える行動は消え、スウィーティーは何年にもわたってひどい待遇を受けてきたにもかかわらず、友達のそばにいるときにはくつろいでいた。ウシはたんに群れを成す動物ではない。他のウシのそばにいるとき、互いを意識することなく、ただ立っているだけではないのだ。ウシはいつも周りの仲間を気にかけ、親しい仲間がいなくなればすぐにそれを感じ取る。

私は自分よりも時間をかけてウシを知ることができる人たちをうらやましく感じる（しかし、このように憧れてはいても、もしサンクチュアリや小さな農場でそのような機会が得られれば、同時に恐ろしいほどの重労働が伴うものであるとも分かっている）。一九四〇年代にジュディ・ヴァンダー・ヴィアが残した素晴らしい著書『十一月の草』（*November Grass*）や回顧録『少数の幸せなものたち』（*A Few Happy Ones*）で伝えられているウシのあり様を知っている人は、今日ではほとんどいない。カリフォルニアのサンディエゴ近くの牧場地で育ったヴァンダー・ヴィアはウシのことを、私たちと同じように自らの生活の様々な場面で喜びや悲しみを感じる個々の存在とみなしていた。

ヴァンダー・ヴィアは（フィクションではなく、実生活の中で）最初の二頭の雄の子ウシを売却により失ったあと、三頭目の子ウシと一緒にいるウシのサリー・アンを見守った。とうとう母親となれたサリー・アンはその役割を慈しんでいた。「乳離れの時期をずっと過ぎたあとでも、彼女は（自分の子ウシを）あたかもそれが毎日注意深い毛繕いや十分な授乳などの彼女の世話に頼り切っている存在であるかのように扱い、たっぷりと乳を与えていた」とヴァンダー・ヴィアは『少数の幸せなものたち』の中で書いている。あるとき、サリー・アンが失踪し、行方不明になったことがあった。三日目にサリー・アンは擦り傷と肋骨の骨折を負った状態で現れ、明らかにひどい転落事故にあったようだった。それでも戻って来て最初にしたことは子ウシへの授乳で、そのあと初めて彼女は倒れこんだ。獣医師の治療によりサリー・アンは回復したのだが、ヴァンダー・ヴィアはこのウシの意志の強さは子ウシとの強い絆に起因するとして、「転落直後は昼夜横たわったままでいたが、ようやく立ち上がれるようになり、子ウシのもとに帰ってきたのだろう」と語っている。

現代の家族農場経営者とウシたちとのつながりは、ヴァンダー・ヴィアのものと似ている。ロレイン・レヴァンドフスキーは弁護士で、ニューヨーク州ハーキマー郡で酪農を営む四代目だ。二十世紀の初めに彼女の祖父母がポーランドからアメリカに移住し、自分自身の両親も呼び寄せた。そのあと代々、家族の仕事をそのまま受け継ぎ、およそ六十頭のウシの世話をしている。

私はレヴァンドフスキーに個々としてのウシについて話してくれるよう依頼した。すると彼女は「もちろんウシたちはそれぞれ異なる行動を示す」と語った。

皆さんはリーダーウシについて聞いたことがあるかもしれない。リーダーウシは群れを新しい牧草地に導くという任務を果たし、勇敢なようだ。リーダーウシは他のウシたちをコントロールする立場にあり、逃げるべきときに合図を出したりする。実際、長年の間には、草を食むための移動のための先導をしたり、嵐が来そうなときには牧草地をあとにして家路に向かうべきだと決断をする多くのリーダーウシに出会ってきた。このような行動は、新しいことを恐れ、緑の牧草地が手招きしているときでも牛舎を離れることを拒むウシとは対照的だ。

人間の手で育てられたものの、まったくひどい状態にあるウシも少しはいた。彼らは搾乳機を蹴飛ばしたり、人を蹴ったり、他のウシに頭突きを加えて回った。しかし、私はそのウシたちの名前は明かしたくはない。むしろ私はかわいくて愛おしい子ウシの名前をあげたいと思う。私たちは最近、農場の仕事をしている友人からジャージー種とホルスタイン種の混血種の若い雌ウシをもらった。彼女は人間の世話をたくさん受けて育ったわけではないが、とてもかわいい雌ウシだ。名前はシルキーで、他のウシたちがエサに夢中になっていても、私たち人間の所にやって来ては頭を摺り寄せて挨拶するのだ。

ドキュメンタリー映画『ザ・ムーマン』（*The Moo Man*）の中で酪農場の世界が垣間見られる。この映画（オンラインで入手可能）は、ウシを個々の存在として知ろうと奮闘しながら、施す世話に必要となるたいへんな労働を紹介している。その中心舞台はイギリスのイースト・サセックス州へイルシャムで、スティーブ・フックと父親のフィルが経営する百八十エーカー（約〇・七三平方キロメートル）のロングレイズ農場だ。撮影時、この農場のフリジアン・ホルスタインの群れには七十二頭がいて、はっきりとした白黒模様でそれぞれを識別できた。ウシはフック家の人たちと共同で、無農薬で生で非低温殺菌の牛乳と乳製品を製造していた（訳注、日本では食品衛生法「乳及び乳製品の成分規格等に関する省令」により、「保持式により摂氏六十三度で三十分間加熱殺菌するか、又はこれと同等以上の殺菌効果を有する方法で加熱殺菌すること」と定められている）。

ロングレイズの未経産牛は食欲旺盛だ。フック家の人たちは農場のウェブサイトに次のように書いている。「私たちはウシの福祉と健康が最優先事項だと考えている。従来から一般的に行われてきた放牧による群れのウシは、私たちのウシよりもほぼ五十パーセント多い牛乳を生産する。これは私たちのケイト、アイダ、ビディズ、ロウェーナス、ルビーズがそれほど多大なプレッシャーやストレスにさらされていないことを意味する」。ロングレイズでは草やクローバーがウシたちのエサで、春と夏は野外で食べ、寒い季節の間はヒマワリ、アルファルファ、テンサイが添加された配合飼料を牛舎で食べる。イギリスの乳牛の一般的な寿命はおよそ六年だが、ロングレイズでは八～九年生きる。映画の中で主役を演じたアイダはそれよりかなり長く生きている。

『ザ・ムーマン』を観た私の夫のチャーリーは、スティーブ・フックのことを「忍耐強い男だ」と論評した。私たちは個々としてのウシたちが、要求に応じる気分にないときには、群れから離れたり、動くのを完全にやめたりするのを見かける。スティーブ・フックは頑固なウシに静かに近づく。ときには彼はやさしくウシを引っ張ったり押したりし、多くの場合は声をかけたり、自制気味に機嫌を取るような動作でウシをなだめる。

冬が終わり、ロングレイズのウシが初めて野原に出されたときは、彼らのあふれんばかりの幸福な様子がしっかりうかがえて、見ていても素晴らしいものだ。足取りも軽く、跳ねたり蹴りあげたりしながら、ウシたちは一斉に新鮮な牧草へと進んでいく。映画ではこのシーンに「心躍るモーモーという鳴き声」という字幕が入る。少し抑制されたトーンだが適切なもので、これこそまさにウシの喜びなのだ。

ウシの中でもアイダが明らかにスティーブ・フックのお気に入りだ。フックは農場のすべてのウシたちと「素晴らしい関係」を築いているものの、特定のウシたちとの間に生まれる特別かつ親密な関係を使い分けている。フックのアイダに対する愛情は傍目にも分かり、フックが愛情を込めて話しかけたり、軽く触れたり、なでたりするときには、アイダ自身も愛情が感じられているはずだ。アイダはある日、宣伝用の写真撮影のために、牧場を離れ、トレーラーに乗せられて海辺のイーストボーンに行くことになった。アイダが他のウシから離れた旅に出て、フックとともに過ごせる時間をいかに楽しんでいるのかがボディランゲージから伝わり、帰路につくためにトレーラーに戻させるには数回押して促さなくてはならなかったほどだ。映画が終わりに近づくと、アイダとフックの間の感動的な場面が映し出される。高齢のイヌやネコと長年をともにしたことがある人なら、フックの気持ちに感情移入することだろう。

しかし『ザ・ムーマン』は感傷的な映画ではない。牧場生活の現実が至るところに出てくる。ある場面では、切り身にされてビニール袋に入れられた大きな牛肉の厚切りがフックの台所を飾るが、フックはその肉を取り扱いながら肉になる前の雄の子ウシの個性について思い出話を語る。雄が生まれると、時計の秒読みが始まり、容赦なくカチカチと音を刻み続け、およそ二年半で牛肉にするために屠殺される。雄の子ウシは乳を出すことができないので、第5章の雄ヤギと同様に農場に居場所はない。分娩するウシから子ウシが地面に産み落とされると、フックが最初にする仕事は「雄雌鑑定」となる。アイダが雄を出産すると「とてもがっかりする」とフックは静かに語る。

幼い子どもたちが、母親の乳首からではなく、バケツから哺乳するべきときが来たとみなされると母ウシは動揺する。「母親にとってそれが一年で最もつらい日なのだ」とフックは言う。母ウシの「うろたえた様子」は身の構え方で見てとれるし、鳴き声でも聞きとれる。そしてバケツ哺乳が新たにルーティン化され、子ウシが別の牛舎に入れられると、長く鳴き合う母子の二重唱が映画で流される。フックはこの反応について、通過しなくてはならない道だとさりげなくコメントしている。

フックが言うには、イギリスの家族経営農場は「かなり急速に廃れつつある」ようだ。二十七ペンスで売れる一リットルの新鮮な有機牛乳を生産するのに、フック家には三十四ペンスの負担がかかる。フックの説明では、農場が維持できるのも、勤労税額控除とフック家がいくらかの成功を収めた直接販売方式のおかげであり、まさに不安定な経営なのだ。

乳製品用であれ牛肉用であれ、工業規模の酪農業が目指す重点がフックやルワンドフスキーのものと類似していない理由は、経済的要因で説明がつく。そのような巨大な規模では、ウシの個性または思考や感情に関連する事項よりも生産上の関心が優先される。カリフォルニアのセントラルバレーの酪農場が有益で警告的な事例研究を推し進めている。「酪農場」という用語は、私たちが考察している家族経営農場とこれらの大規模農場が共通する特徴を持つことを暗示しているようだが、（両者間の量と質で確かに異なり、問題のウシたちに同じ結果を求める屠殺以外では）共通性はない。その著『ファーマゲドン――安い肉の本当のコスト』の中でフィリップ・リンベリーは、産業的酪農場を「牛乳工場」と呼び、「動物は単なる機械にすぎず、すぐに壊れて交換される」と表現している。

ここでリンベリーが訪れたそのような一つの場所のシーンを紹介するが、そこではウシたちが屋外にいて、あるものは日陰、あるものは日差しの中で立っていた。彼らはエサを与えられたり搾乳されるとき以外はぼんやりとしていて、何もすることがなく、足の衝撃を和らげるための草もない。彼らは土と糞が混じり合った中に立っている（リンベリーは大気中に漂うそのにおいを「吐き気がするような悪臭」と表現している）。乳がいっぱいたまって乳房は腫れ、ウシたちはほとんど動かない。彼らは自然な食事を期待することさえできない。というのは、大規模酪農場のウシたちはトウモロコシのような自然では食べないエサを与えられているからだ。リンベリーは記す。「私たちは数キロメートルおきにこのような農場を見たのだが、すべての所で数千頭ものウシが泥、波型鉄板、コンクリートに囲まれていた」。

セントラルバレーでの悲惨な状況は種の垣根を越えて、人間もウシと同じくらい深刻な健康問題を被っている。カリフォルニアにいる百七十五万頭のウシは、イギリスの人口全体が出すよりも多くの糞便を排出し、その排泄物を処理する場所が必要だ。そのほとんどは農場の近くの沼地に流れていくが、不可避的に一部はガスとして空気中、あるいは地中にしみていって水源に入り込む。リンベリーの語るところでは、水や大気の汚染は部分的に大規模酪農場に関連するもので、ここの子どものぜんそくの罹患率は全米平均の約三倍で、成人の平均寿命は全米平均より十年も短く、セントラルバレーの住民にとって大きな心配の種なのだ。

大規模酪農場での短い生活を強いられたウシたちは、思考力や感情を持つ個々の存在としては認識されない。同様に、ウシの知性、個性、主体的感覚性は、工場式農場およびウシが牛肉のために屠殺される集中家畜飼養施設の中で見えないものとなる。これらのウシも自然状態でとるエサを食べてはいない。マイケル・ポーランは十年前に『雑食動物のジレンマ』の中でこの状況を明らかにした。すなわち、集中家畜飼養施設では、「自然淘汰によって草を食べて生きるように見事なまでに適応してきたウシたちは、人為的なトウモロコシ食に適応しなくてはならず、これにより彼らの健康および土地の健全さ、そして最終的には彼らを食べる私たちの健康もかなりの犠牲を払うことになる」。

集中家畜飼養施設という飼育方法については、トウモロコシはウシに安価なカロリーを提供し、屠殺前の成長を急速に促進でき、ウシによる消費が余剰トウモロコシの問題の解決にもなる。このようなウシへの給餌は経済的には利益をもたらすことを意味するはずなのだが、同時に人間には健康問題への連鎖を引き起こす。ポーランの見事な記述による迫力あふれる書が世に出されて以来十年、教訓が私たちの頭に何度も繰り返し叩き込まれた。つまり私たちの食事は高果糖のコーンシロップにまみれていて、私たちを形成するものが食ならば、私たちはトウモロコシにすぎないということだ。同じことが牛肉用に屠殺されるウシにも言える。もちろん、これらのウシたちが強制的に食べさせられているのはトウモロコシだけではない。ポーランの報告によれば、「十四か月で八十ポンド（約三十六キログラム）から千百ポンド（約五百キログラム）の体重にさせるものは、恐ろしいほどの量のトウモロコシ、タンパク質や脂肪分の栄養補助食品、そしておびただしい数の新薬なのだ」。

私たちの食の仕組みにおいては、年々減少する家族経営農場などの例外を除き、ウシの生活に関する私たちの知識は、ウシに対して行っている私たちの行為と分断されたものとなっている。この乖離状況は、先史時代以来の私たち人間とウシとの親密な交流を考えるとさらに際立ったものとなるのだが、それはすでに私が述べた狩猟や死肉だけを意味するのではない。その交流を示すものとは結局のところ、私たちの初期のホモサピエンスの祖先が描いたあの最も有名な絵画、フランスのラスコー洞窟を飾る（ヤギの部屋でもブタの部屋でもなく）雄ウシの部屋なのだ。より正確な名称で言えば、すべての飼育牛の祖先であり、ラスコーの人々が一万五千年前頃に頻繁に描いた巨大な野牛の雄ウシの呼称であるオーロックスの部屋となるだろう。インターネットでは華麗に描写された雄ウシやウマを紹介するラスコー発のビデオクリップが見つかるが、私たちの祖先がこれらの動物をいかに細かく観察し、賞賛していたのかが分かる。

およそ二百万年前に進化し、オーロックスはエジプトのファラオたちやジュリアス・シーザー、ヨーロッパの国王たちに知られていた。オーロックスは長年栄えたあと、徐々に狩猟や生育地の減少、病気、そして彼ら自身の子孫たちとの競合などの複合的な力の犠牲になっていった。一四〇〇年代には、オーロックスはポーランド中部の一つの保護区で見られるのみとなり、一六二七年に最後の個体がそこで死に、絶滅が記録された最初の動物となった（二番目はドードーだった）。もちろんその頃までには、人間は家畜化されたウシに囲まれ、一緒に暮らし、働くようになってからかなりの年月が経っていた。「飼いならす」という過程はおそらく八千年前に始まり、野生のオーロックスがアジアやアフリカで次第に人間の居留地に組み込まれていったのだろう。すべての動物の家畜化と同様、この過程は初期段階では種間の相互契約のようなものに依存していた。ハナー・フェルテンは『ウシ』（*Cow*）の中で家畜たちが主として「搾乳技術の革新とすきの活用による土地耕作を通して、文明形成において大きな役割を果たしたことに注目することは何らの誇張ではない」と書いている。

ウシたちは先史時代や初期の時代には個性を有する賢い存在として認識され、現代においてのみひどい仕打ちを受けているのだろうか。いや、断じてそのようなことはない。ウシたちにはその家畜化の代償として多くの場合、重労働が課せられ、ときにはその犠牲的行為は長時間労働の労苦を超えた。フェルテンは、ウシ（特に雄ウシ）の文化を越えた長年にわたる殺戮の多くの実例をたどっている。それらは多くの場合、宗教的儀式と結びついていた。しかしながら、少なくともこれらの初期のウシたちは、工場式の設定のもとで何千頭もの単位で一緒に押し込まれ、長い日々を糞便の中で立ちつくし、トウモロコシを消費することもなく、皆に見えるかたちで人間の生活の一部になっていた。

ウシの精神と心

ウシの知性、情緒、個性を見ることで、これらの動物が私たちの視界に再び入ってくる。この探求には、ウシと生活をともにしている人たちの洞察力とともに、観測および実験科学が必要となる。私が書籍やブログの記事で動物の知性や情緒について、カラスが特別な難題を解決すること、密猟によって愛する仲間がつらい目に遭うところを目撃したゾウが悲しむこともありうること、野生のサルが死に瀕したり亡くなってしまったパートナーを嘆き悲しむといった内容を記述すると、次のような反応が多く寄せられる。「そんなことに驚いているのは科学者だけだ。私たちは皆、動物が考え感じていることは知っている」。しかしなぜかこの発言はウシに向けられることはなく、それは魚、ヤギ、ニワトリも同様だ。しかし、彼らの中の証拠に圧倒的な説得力がある。

ウシは私たちを個人として認識する。ちょうど私たちがウシとともに積み重ねてきたように、ウシが私たちとともに積み重ねてきた数十世紀にわたる長い経験を考えれば、この発見は道理にかなうものだ。酪農研究者のピエール・ライバシックと彼のチームによる実験により、ホルスタイン種のウシは人間が同じ色の服を着ていても個人を識別することが分かった。ウシは状況に応じた手がかりを活用したのだ。また、顔をマスクで完全に隠した背丈の異なる二人の人間を見せられた場合でも、難なく識別した。また、人間の顔を手がかりとしても活用できるようだ。同じ背丈の二人の人間に出会うと、ウシはその人たちの顔が見えていれば識別に成功した。しかし、顔しか見えていない場合、つまり顔以外の胴体がカーテンで遮られる設定では、ウシたちの成功率は下がった。ライバシックと共著者は次のように結論付けている。「したがってウシは、人間を識別するのに顔と背丈のどちらかを使うことができるのだが、両方の手がかりは必要としない。それゆえ、彼らはその人間を確認するいくつかの手がかりに関して情報を蓄積し、どちらが入手可能かによって手がかりを入れ替えることができるようなのだ」。この手がかりをベースとした柔軟性の度合いを知的な鋭さの指標としてみなすことができる。

私たちがウシを個々の存在として認めれば乳牛は元気にもなる。ウシをボシーあるいはデイジーと呼ぶことは、私たちのほとんどにはやさしいユーモアの一形態だろうが、キャサリン・ダグラスとピーター・ローリンソンによるイギリスでの二〇〇九年の研究によれば、ウシに名前を付ける農家は平均四百五十四パイント（約二百十五リットル）分多く牛乳がとれるそうだ。さて、パイントで定量化される結果は、この研究があたかも私たちのためのもの、つまり農家がどうしたら生産量を増やせるかに関するものであるかのように聞こえるだろう。しかしダグラスはインタビューにおいて、ウシたち自身の福祉に話題を戻す。「人間でも個人的な接触には反応が良くなるように、一対一の注目を少しでも多く浴びればウシも嬉しくなりリラックスする」。例えば、スティーブ・フックが『ザ・ムーマン』で大好きなアイダたちと一対一で関わったように、小規模農場でウシの世話をする人たちに自然にもたらされるように思える利益が、すべての人たちにもたらされるのだ。

もちろんウシが切望するのは人間との交流だけではない。二〇一四年に科学者たちによって、乳用子牛を牛舎の中で単独飼育すると認知能力が損なわれ、仲間とペアになると問題解決能力が向上することが初めて示された。シャーロッテ・ギルヤードと彼女のチームは、十八頭のホルスタインの子ウシを用いて研究した。それらの子ウシは生後六時間以内に母親から引き離され、そのあと四日間単独で牛舎に入れられ、次に単独またはペアの状態のいずれかで飼育された。社会的な状況にある子ウシ（社会的子ウシ）の方が、いわゆる逆転学習課題と呼ばれるものをより速く解くことができた。Y字迷路の選択テストの問題では、これらの若い子ウシたちはまず乳を黒色でなく白色と結び付けるように訓練された。子ウシが迷路の白い枝道を選べば乳のご褒美が与えられ、黒色を選んだときには何も与えられなかった。

この初期段階では、乳は視界から隠されていたが、両方のグループの子ウシとも同じように良好な成績を収めた。しかし、隠された乳が今度は黒色の刺激と組み合わされているという「逆転」を子ウシが突然経験すると、二つのグループの結果は分かれた。社会的子ウシは単独子ウシよりもその逆転を素早く理解し、乳のご褒美が手に入る黒色を選択したのだ。別個に行われた実験でも、社会的子ウシの方が新しい対象、つまり赤色のプラスチック容器に速く慣れ、より容易に学んでそれを認識できた。社会的子ウシたちが、赤色の容器に遭遇した場合にパートナーと引き離されてしまったことは注目に値するのだが、絆を深めたものから引き離されたことで何らかのストレスを感じたとしても成績の低下は起きなかった。

なぜ社会的子ウシが認知能力の向上を示したのか、別の言い方をすれば交流を絶たれた子ウシがなぜ認知能力の低下を示したのか、厳密には定かではない。著者たちは、社会的子ウシが単独で牛舎に入れられた期間に比べ、隔離された子ウシの方がはるかに長期間にわたって孤独の不安を経験していることを一つの可能性としてあげている。私たちは、不安が学習の妨げになることを動物の学習分野における一般常識として知っているが、実験的状況では、隔離された子ウシの成績低下を説明するものとして、この要因を確認することはできない。しかし、隔離が赤ちゃんのウシにマイナスの影響を与えたことは明らかだ。しかし実際問題として、生まれたばかりの子ウシを母親から引き離したり、何頭かを物理的に隔離させたりする実験デザインには、倫理的な懸念があると私には思えた。

乳用子牛が初めて母親から引き離されると、母子ともに感情が高ぶる。この事実は小さな家族経営農場を含む農場での観察からも明確だ（『ザ・ムーマン』でも見られるように）。カナダの動物福祉研究者のルネイ・ダロスと彼の同僚たちは二〇一四年、牧場の暮らしの中で離乳したばかりの時期に母親から引き離された子ウシの「激しい感情反応」に関して書き記した。ダロスと彼のチームは、この分離の過程が認知に与える影響を測定することを目的としたプロジェクトを立ち上げた。彼らの実験の中心にあるものは、すでに文献で（人間を含め）様々な動物で報告されている判断バイアスという概念で、曖昧な刺激を与えられた際に、気分が落ち込んだり、ふさいでいる個体は他のものよりも否定的な解釈に向かう傾向があるというものだ。

この研究では十三頭のホルスタイン種の子ウシが被験者とされた。生後二十四時間で子ウシと母ウシは一つのグループに設定された。母ウシには子ウシが乳を吸うことができないように乳首ネットがかぶせられ、子ウシは哺乳瓶から乳を飲み、補助食品が与えられた。黒色対白色の識別実験と似たプロセスがとられ、これらの子ウシはコンピューター画面に提示される白と赤の信号を識別する訓練を受け、彼らが白の信号に近づけば乳の褒美が与えられ、赤信号に近づくと罰が与えられた。

次は判定段階で、コンピューター画面には三つの条件、すなわち正（白）、負（赤）、曖昧（様々な割合で白と赤が混在）のうちの一つが表示された。この研究スキームでは、曖昧な画面への接近は積極的な判断バイアスとして評点された。大きな疑問は母ウシからの分離が子ウシの反応に影響するかどうかであった。子ウシたちは母ウシと一緒にいるときにも、さらに母ウシと一緒ではない生後四十二日後にも実験を受けた。その答えはイエスで、違いは顕著ではないものの確かに分離の影響がみられた。母ウシから分離される前、子ウシが曖昧な画面に近づく行動の割合は七十二パーセントだったが、分離後は六十二パーセントに留まった。動物研究の専門用語で言えば、分離後のこの行動は「消極的な情緒状態もしくは落ち込んだ気分と整合する悲観的な反応バイアス」として解釈される。

分離状況での子ウシの感情が、彼らが経験する徐角という別の否定的な条件と似通っていたことは興味深く、少々驚くべきものでもあった。子ウシは生後三十六日目に徐角された。徐角には局所麻酔が施されたのち、角が伸びはじめる前の角根部に熱い電気ごてが三十秒間当てられた。ダロスと共著者は、このやり方では術後の痛みは通常起こりうることを明らかにしている。除角後、悲観的な反応バイアスは、母ウシからの分離後と同程度で発生した。徐角前では子ウシが曖昧な画面に近づいたのは七十三パーセントで、徐角後では六十六パーセントだった。感情面での動揺は身体的苦痛と同じように子ウシに影響するのだ。

これらの研究やその他の類似研究が、子ウシの福祉向上に活用されることを私は願う。子ウシが徐角によって余儀なくされる苦痛は言うまでもなく、隔離された子ウシの損なわれた学習度や互いに分離された母子たちの動揺に関する科学研究上の文献は淡々とした事務的な報告が見られるが、だからといって研究者たちが動物に対して無関心であると考えるべきではない。研究者の真の動機は、動物たちが置かれている食の仕組みにおける子ウシの生活を変えることなのだろう。私が説明したばかりの工場式農場以外のもの、すなわちカナダのブリティッシュコロンビア大学酪農教育研究センターの子ウシたちが収容されている実験施設でも、ウシの生活が私たちの行動によっていかに否定的な影響を受けているかを垣間見た今こそ、ウシの感情や思考を研究する科学がウシの管理と生活の向上に活用されうるのだ。

しかし私は、子ウシが少なくともそんなに早い時期に乳を吸うことをやめさせられたり、徐角の痛みを受ける必要が本当にあるのだろうかと考えてしまう。さらに私は、ウシには交流が必要であり、それが阻害されると消極的傾向になってしまう可能性が生じることを「証明する」ためにわざわざ母ウシや仲間と分離するような試験を行うことが本当に必要なのかと考えてしまう。例えば、子ウシが母ウシから離されると悲観的になることなど、彼らが哺乳類の赤ちゃんである以上、母親が宇宙で最も大切な存在であることは完全に予測可能なはずだ。こんなことを言う今の私の口調は、前に述べた人たち、つまり科学がなくとも動物の思考や感情について十分知っていると主張したがる人たちの口調に聞こえてしまうだろう。確かにまとまった数量、すなわち対照試験で得られた統計数値を公表することには価値があり、これらのデータは日常生活を送る動物の行動を記述するという行為に対する強力な補足となる。その実験的作業こそが、動物愛好家の報告に打ち出された擬人観的な主張に対して抑制的に作用し、また他方では、逸話的情報は集計された数値の背後に、あの賢くて愛すべき生活を営んでいる個々が存在していることを悟らせてくれる。ただ、動物福祉のための倫理審査に合格したうちのいくつかの調査研究には、私にはあまり倫理的ではないと思われる方法が今でも含まれているのだ。

動物行動学者のヘレン・プロクターの研究は、ウシに対する非侵襲的な行動実験がウシの生活を直接的に改善する可能性があることを示している。同僚のジェンマ・カーターとともに、視覚的に確認できる白目部分の大きさでウシの興奮状態や情緒状態が示唆されるという以前の研究に基づき、プロクターは簡単に視認できるウシの目の変化を見ることによって、肯定的な情緒状態を評価できるかどうかを確認する試験を設計した。彼らはイギリスにおいて十三頭の乳牛を用い、人間になでられる行為を受ける「前」「最中」「後」の反応を比較した。粗布製の手袋をした両手を用い、一分で四十～六十回の速さ（ウシが互いに毛繕いする速さ）で、体の左右両側を同じ動作でなでるなど、すべてにおいて厳密な条件が導入された。さらには、き甲部、首、額、頬など、ウシがなでられるのを好む部位に集中すること、そして最も重要なこととして、ウシの自発性に基づく経験にするため、ウシがその場を離れた場合はなでる行為をやめることが定められた。結果としては、なでられている最中はその前後と比較すると、白目部分が著しく小さくなることが示された。そして綿密な観察で分かったことは、ウシは人間によるこの心をそっと落ち着かせてくれる行動を楽しんでいて、彼らはその前後でなく、もっぱらなでられている最中に快楽反応として知られる首を伸ばす行動をとり、ときにウシたちはあたかも自分たちの喜びを明確に示すかのようになでている人へと寄りかかった。

プロクターのチームは別の研究において、耳の構え方や鼻の部分の温度によってもウシの肯定的な情緒体験を測定できることを見出した。確かにこの方法によって、ウシがリラックスしているときを効果的に判定でき、リラックスしていないときにはその状況を改善すべく介入ができる。プロクターとカーターはこの方向に沿って素晴らしい提案を行っている。「視覚的に確認できる白目部分が、多くの種における感情状態を測定できる有益な尺度であるとすれば、視認可能な白目部分の割合を非侵襲的かつ一人で測定できる携帯型機器を開発することは価値のあることではないだろうか」。ウシやさらに一つの種に属するその他の動物においても個体差があることから、様々な状況下で白目部分の変化を測定することが緊急の課題だと彼らは注目する。つまり、一つの標準サイズあるいは平均値を用いた評価の策定を目指してもうまくはいかないだろう。私はそれを異なる種における個性の違いにも合うものとしたいのだ。

公式的な科学報告と非公式的な観察に加えて、第三の情報源がある。それは飼育動物の生活を記録する貴重で楽しいビデオクリップだ。確かに、オンラインに投稿されているビデオには全体的な背景や十分な説明さえも欠けている場合がある（『ザ・ムーマン』のような省略のない映画とは対照的に）。そのため、私は知りうる限り公式的なビデオだけを活用するように注意している。私のお気に入りの一つでは、アメリカのあるジャズバンドがフランスを訪れ、道路沿いにある牧草地に立ち寄り、ウシたちにセレナードを歌いはじめる。始まったばかりの時点では、ウシたちはあちこちに散らばり、ぼんやりと見ていたり、注意を払わずにそのまま草を食んでいるものもいた。しかし最初の旋律が野原を漂っていくと、ウシたちは皆はっきりと注意を向け、草を食んでいたものも近くにやって来て、ウシたちは群れになってミュージシャンたちの方を向いて耳を澄ましはじめた。人間がエサをくれるかもしれないと期待して、ウシたちが寄ってきただけだと主張する懐疑論者たちには、「もう一度よく見て」と私は言いたい。というのは、ウシたちに動きがあったのは、ミュージシャンたちが楽器を演奏せずにまだ道路わきに立っていたときでなく、音楽演奏がまさにスタートした瞬間であり、それはこれらの動物がどれほど好奇心や思慮深さを有しているかを私たちに教えてくれる。

二番目に好きなビデオでは、ひと群れのウシがいるイギリスの野原に、生後約六か月のボクサー犬が登場する。この子イヌが近づいてくるとウシたちは好奇心を抱き、子イヌが横たわると、視覚と嗅覚でしっかり確認しようと群らがってくる。この場合には、懐疑論者たちは「ウシたちは自分の子ウシだって観察してにおいを嗅ぐ」と言うだろう。しかし一頭のウシは、目の前に現れた動物がどんな存在か分からず、最初は明らかに不安を感じていたのだ。ここでも私たちは、周りの状況に旺盛な好奇心を抱くウシたちを目のあたりにする。どちらのビデオでも新しい好奇心をそそることが起きているが、それはビデオを見ている私たちだけでなく、ウシたちにとってもそうなのだ。ボクサー犬の子イヌやアメリカのジャズミュージシャンたちとの間近な出会いの間に、ウシたちが何を考えているのかは私には分からない。しかし、私は彼らが何かを考えていたと確信している。

私がこの章で取り上げたウシの個性、知性、主体的感覚性、またこれらの要素がどのように互いに重なり合うのかなどの疑問に関して、より高度な科学研究が私たちに展開されていく日がやがて来るだろう。ニューヨーク州の酪農家、ロレイン・レヴァンドフスキーはウシについて私と語り合ったとき、その相互の重なり合いについて以下のようにふれた。

私は以下のようにウシたちには主体的感覚性があると信じている。彼らは苦痛を経験し、幸せを経験する。私には彼らの思考やこれらの感情の記憶がどこまで及ぶものかは分からない。彼らの中には、問題解決能力を有するものもいる。例えば、ゲートが開けたままにされれば、群れ全体が逃げ出す。牛舎に戻ってくる道順が分かるものもいるが、あてどもなくさまよってしまうものもいる。したがって、おそらくウシの賢さの程度も様々なのだろう。学習能力も同じだ。春になり初めて牛舎のドアを開放したり、夏の牧草地に放つ際には、牧草の生育具合によってどの道を行くべきかはまちまちだ。ウシの中には、正しい道順がすぐに分かり、翌日もその行き方を繰り返せるものもいる。しかし、ここを行ったらおいしいエサにありつけたという特定の道順を覚えないウシもいる。水源についても同じだ。日差しが照りつける暑い一日を過ごせば、群れ全体の喉が渇いてしまうこともある。そこで私は水源まで新鮮な水を汲みに出かける。あるウシは（多くの場合、リーダーウシであるが）、私のこの動作を見て、真っ先に水を飲もうと水桶へと走り寄り、自分たちが飲み終えるまで他のウシたちを押しのけて冷えた水を腹いっぱい飲み干すのだ。

「ウシ」という単語を見聞したときに、最初に頭に飛び込んでくる言葉は何か。厳密な科学的方法ではないにしても、私はちょっとした興味を覚え、自分のフェイスブックのページにその質問を投稿した。九十一人がその質問に答えてくれた。彼らの様々な答えにより私は、友人たちの心の中を興味深く垣間見ることができた。すなわち、「フクロウ」と「シナプス（神経細胞の接合部）」が最も魅力ある回答だったが、私にはまったく意味不明なもので、今でも「ウシ」と結びつく連想は私にはできない。「モーッ」と「牛乳」が最も多かった回答でそれぞれ九人から寄せられた。「月」が三番目に入り、七人から回答があったが、これはおそらく私が動詞の「飛び込む（ジャンプ）」を使ったことで思いもよらずその方向へと誘因されたのだろう（訳注、任天堂の「ムーン・ジャンプ」との連想）。「少年」、「少女」、「手」、「突く」がさらに次に続く総勢六人からの回答となった（しかし、仮に意味によってひとくくりにさせてもらえば、あまり好ましい決め方ではないが、鼻の差による勝者としては、十人から「パイ／小型のパイ／ポテトチップ／糞／大便」などの回答があった）。

この興味本位の単語テストの結果から、私たちはウシをウシそのものとして見たものから、人間による支配が必要な動物としてのウシ、食品や文化的な象徴としてのウシに至るまで様々な連想が見てとれる。「モーッ」は特に楽しい回答で、その理由はウシ自体に関するものであり、私たちが見届けたようにモーッという発声は、互いに絆で結ばれた二頭のウシが引き離されたときのように、日々のウシの感情をしっかり伝えるものだからだ。リブ、ハンバーガー、アイスクリームで始まるこの章の冒頭部分に戻ってみれば、ウシが主として、あるいはもっぱら食品の生産者として私たちの心の中に定着していても驚くことではない。それは二人からの「牛肉」という回答がまさしく私たちのための肉を指すものであるように、この小さな調査における「牛乳」という回答が（ウシのための乳ではなく）私たちのために生産されるものだとみなす見方だ。

今のところ、誰かが「ウシ」と言う場合、「個性」、「主体的感覚性」、「知性」は心に浮かぶ最初の言葉ではないようだ。しかし一人の友人は「主体的感覚性を有する」という単語を確かに回答したのだ。私はその回答を最も気に入っている。毎年七月、アメリカのファストフードチェーンのチックフィレイ（鶏肉レストラン）はウシ感謝デーを主催し、ウシを模した服で訪れたすべての客の食事を無料にしている。ウシの消費を抑えようとする動きは、ウシ科動物にとっては確かに朗報だ。さらにそれは環境にとっても良いニュースかもしれない。肉牛の二酸化炭素排出量は一ポンド（約〇・四五キログラム）あたりおよそ二十七ポンドであり、たった一ポンドのハンバーガー用の肉は二十五ポンドの二酸化炭素を排出する。これらは鶏肉を含む他の食品よりもはるかに高い驚異的な数字だ。

　しかしもちろん、ウシにやさしくしたり環境を保護することがチックフィレイの関心事ではなく、ウシの代わりにニワトリを食品として売り出すことが目的だ。もし私たちがウシを屠殺から救い、より多くのニワトリを食べれば（ゆえに屠殺すれば）、私たちはどんな結果に行きつくのだろうか。

第7章　ブタ

ブタは三歳児より本当に賢いのだろうか。本書でこれまで取り上げてきた動物に対して誰もこの質問を投げかけることはないが、ブタに対してはするのだ。

ペンシルベニア州立大学で課せられた試験の成績結果が特別にすぐれたブタは科学論文に登場するほどだ。当時大学院生であったキャンディス・クローニーと共同研究者は、ペンシルバニア州立大学のブタたちにX型やO型の積み木を携帯して近づき、O型の積み木を携帯している人だけがブタたちにエサを与えた。ブタたちはすぐエサを持っていてO型を携帯している人たちに突進し、エサを持たないX型を携帯している人たちを無視したが、この結果だけでは驚くべきものではなかった。というのは、実験者が積み木を携帯するのではなく、XやOのマークをプリントしたTシャツに変えたときに「あっ」と驚くような結果となり、なんとブタたちはOのプリントを身に着けた人たちだけに突進したのだ。この動物たちは現実世界の物体に関する三次元の知識を二次元の形という領域に置き換えたわけだが、これは頭脳の能力による認知と理解に裏付けられたかなりの快挙なのだ。

クローニーはブタのコンピューター技術もテストした。霊長類が持つ指ではなく、ブタの鼻先と唇で使えるように調整されたビデオモニターとジョイスティックを備えたコンピューターが使用された（大きなギアシフトノブを備えた金属製の棒がその仕組みを実現した)。ブタに与えられた課題は、的に命中するようにカーソルを動かすことだった。ペンシルバニア州立大学で毎年行われる野外農業大会で、一頭のブタがその課題をこなし、続いてクローニーは一人の人間の子どもにも挑戦してもらった。クローニーは『ブタの話』(*Pig Tales*)の著者であるバーリー・エスタブルックに「私たちにとって、とてもおもしろい結果になった」と語った。「しかし、親の中にはそう思わない人もいて、子どもたちがその課題を解決できないと、『どうしたの、ブタにできるのに』と言う声が聞かれた」。

厳密に言えば、ブタと人間の子どもとの比較は見当違いだ。本書全体で見届けてきたように、進化は種ごとに異なり、解剖学や生物学の面でも、行動や認知に関係してその動物自体が見事に適応した方向に沿って進む。人間の知性を万能の判定基準とみなすべきではない。ブタと人の子どもとの比較は、チンパンジーとヤギを比べることと同程度の意味しかない。しかし動物行動学者の解説論文の中にも、ブタと就学前児童の頭脳の能力はほぼ同等の可能性があると主張するものが出てきている。

ケンブリッジ大学獣医学部のドナルド・ブルームは、ブタには「非常に洗練された認知能力がある。それは確実にイヌや三歳児を超えるものだ」と断言する。ブルームのブタたちは、動物行動学者が呼ぶところの「鏡による空間位置確認」課題をこなす。ブタたちは、障害物の背後に隠されていて直接的には視認できないものの、鏡では確認できるエサを見つけることができたのだ。鏡を五時間見せられたあとには、少なくともブルームの試験を受けた八頭のブタのうち七頭が平均二十三秒という時間内に問題を解いた。しかし、残りの一頭はエサを求めて鏡の背後を見た。さらに別の場所で行われた追跡研究において試験を受けた別集団のブタでは、成功よりも失敗が多かったことが報告された。したがって結果は参考程度のものであり、ブタが頭を使って鏡を活用していると結論付けられるものではない。しかし、ブルームのブタの何頭かが鏡の前で何度も動き、それに映った自分の姿を見たり、様々な角度からの自分自身の体や動きをじっと見ていたことは注目に値する。ブタはチンパンジー、ゴリラ、オランウータン、ゾウ、イルカ、カササギと同じように、鏡の中の自分を認識するのだろうか。私は、カール・サフィーナの著『言葉を越えて―動物は何を思い何を感じるのか』を読んで、この質問が間違いであることに納得した。なぜなら、動物の体に何らかの印をつけ、個体が鏡を使用して印を確認できるかどうかを調べる場合、その個体が自己認識や自己概念を有する場合にのみ測定したいものが測定できるわけではないからだ。サフィーナは次のように説明する。「例えば、鳥が鏡に攻撃を加えるときは、鏡に映った像が自分自身ではなく、別の個体であると信じているからに他ならない。このことは、その攻撃を試みる鳥が他者とは異なる存在であることを理解している証拠だ。それは自己概念を示している。しかし、それによって鏡のテストに『落第』するわけではない。たんに反射像を理解していないだけなのだ」。その解釈はブタにも当てはまるかもしれないし、あるいはブタは反射像をしっかり理解しているのかもしれない。いずれにしても、ブタの鏡に対する理解力に関して私たちが有するヒントが動機となり、研究者たちがさらにブタに合った方法を開発することができれば良いと私は願っている。

エスターという名のブタのセレブは研究室ではなく、カナダのオンタリオ州のデレク・ウォルターとスティーブ・ジェンキンズの家で生活している（ふざけ半分だとしても、公式的に「驚異のブタ、エスター」として知られる）。売り主から、増えても約七十ポンド（一ポンド＝約〇・四五キログラム）で頭打ちになる超小型ブタだとしつこく勧められ、二人は二〇一二年、四ポンドの体重のときにエスターを買った。エスターはそのときも超小型ブタではなかったのだが、今は六百五十ポンドもあり、まるで小型などではない。微妙な表現をしないことで知られている、イギリスのデイリー・メール紙が大見出しではやし立てたように、「巨大な肉ブタは今やホッキョクグマの大きさだ」。それでもエスターはウォルターとジェンキンズの家に心地よくなじみ、エスターが自分のベッドで眠っている姿や台所で家族の二頭のイヌと一緒にごちそうをおねだりしている姿が写真やビデオで見られる。

私が友人たちにこれらの画像を見せると、彼らは必ずエスターの大きさに驚く。リビングで寝そべっていたり、おやつをもらいに台所に突進してきたりするイヌは（とても大きなイヌであっても）、私たちにとって楽しくも見慣れた瞬間を演出するものだが、エスターが同じことをすればそれは衝撃的なものになる。私の友人たちの反応をもとに考えると、おそらくジェンキンズとウォルターは数えるのが嫌になるほど、ブタがそんなに大きく成長することは普通なのかと頻繁に尋ねられているのではないかと思う。ちなみに、エスターはトイレをどこでどんなふうに済ますのだろうか。二人の男性の指摘によれば、エスターは胴回りの成長が抑えられず、彼らはエスターが生きている限り飼うことを誓っている。しかしエスターの世話は彼らには案外たいへんではない。トイレの必要が生じると彼女は自分で勝手口のドアを開け、外に歩いていって用を足すのだ（彼女はドアを閉めることもできる）。家畜のブタは結構大きくなり、六百ポンド以上あっても特別ではない。ヨーロッパの野生イノシシは七百ポンドにも達することがあるが、一般的にはこれほどの目方に達するものは、特に大きく育てることを目的に飼養されるブタなのだ。

エスターの日常は動物の主体的感覚性の本質を私たちが覗き見るための窓を与えてくれる。すなわち、セラピーチキンとしてのミスター・ヘンリー・ジョイの様子を垣間見たり、サイ・モンゴメリーの肩越しにタコの水中での賢さを目撃したり、あるいは愛するイヌやネコを観察したり、彼らとともに遊んだりして数時間を過ごすことで得られるような類のものだ。ジェンキンズとウォルターは、エスターが冷蔵庫のドアを含め家じゅうのドアの開け方を学んでしまったその素早さに注目している。ピーナッツバターを取り出させるちょっとした頭脳パズルの「おやつボール」が与えられれば、エスターは仲間のイヌよりも速く解いてしまう。私の想像では、エスターはペンシルバニア大学のブタと同じようにX対Oの形を識別できるし、ケンブリッジのブタのように鏡を使って隠されたエサを見つけることもできるだろう。しかし実験での問題解決以上に、エスターの精神生活を理解する手がかりを私に与えてくれるものは、エスターの生き生きとした自己表現なのだ。エスターは周りの人々や出来事にしっかり注意を払っていて、彼女は撮影時に多くの場合はカメラ目線を送る。彼女は冷凍したマンゴーのスムージー、バグパイプの演奏、家の外の広い果樹園を走り回ること、イヌや人間の仲間に寄り添うことが大好きだ。

かつて養豚家だったボブ・コミスは、数千人ものエスターのファンに対し一つの重要な事実に注目してほしいと願っている。

エスターはかわいく、愛らしくて愛情深く、賢く、遊び好きでいたずら好きで、やさしく、礼儀正しく、陽気かつ社交的で、愛くるしくて几帳面だとしても、それは彼女が特別な存在だからというわけではない。彼女はブタであるからこそ、それらのすべてに、しかも完璧に当てはまるのだ。その一連の形容詞はエスターだけを表現したものではない。それは地球上すべてのブタの核心をついたものなのだ。

サロン誌に掲載されたコミスの心情は善意によるものだが、動物行動における同一種内における違いを十分に把握した結果に基づくものではない。私たちが一緒に暮らす六頭の屋内飼育ネコそれぞれが本質的な「ネコ」の性格というものを表現しているわけではないように、すべてのブタがやさしくて賢いわけではない。わが家の保護猫のうちの二頭、ジェンナとマリーは他の同居猫を追いかけていじめることを楽しんでいて、傍目には不快になることもあるのだが、一方、フレーム、ニコラス、ロングテール、ダイアナ、ブッチーはもう少しのんびりとした様子だ。しかし、彼らにもきらりと光る瞬間はあり、頭の切れが鋭く学習速度が速いという一連の反応を観察できる。これと同じような違いは、私がケニアでよく知ることとなった放し飼いのヒヒにもあることは明らかだった。母系の群れの中で高位にいた一頭の雌ボスが、決して穏やかではないやり方で力の劣る仲間に対して優位な立場をほしいままにしたり、他のサルよりも賢いサルたちもいた（私たちが日常生活で人間仲間と経験するようなことが、ここにも明らかにあるのだろう）。しかし、コミスの主たる論点を放棄する必要はない。なぜならそれは極めて重要な事実を伝えているからだ。すなわちそれは、ベーコンやバーベキューにされる運命のブタは、適切な飼育条件であったなら、エスターが現在そうしているように思慮深く楽しい生活を送ってきたはずだということだ。

エスターの生活は動物福祉が充実しているが、この「動物福祉」とは良質のサンクチュアリやときには動物園の動物たちを活気づけることを意図した行動形態を表す用語である。アイパッドを操作するオランウータンや、ハロウィンのカボチャと遊ぶ大きなネコなどのビデオがその概念を伝えている。サンクチュアリという設定のもと、安全かつ刺激的な飼養環境でブタを守りたいと願う世話係は、高いハードルに直面することもありうる。新しく連れてこられる動物は、ひどく劣悪な環境から直接やって来ることが多いからだ。救出されたばかりのブタは、精神的な傷を負っていることがある。

シアトルから北へ一時間ほど行った太平洋沿岸の北西部にあるピッグズピースサンクチュアリでは、百九十頭のブタが充実した動物福祉のもとで生活している。彼らは他のブタたちとともに牧草やクローバーが生えた牧草地を散策するが、一～二頭が特別仲の良い仲間となり、おいしいエサを食べることを楽しみ、彼らの心に残る明らかにつらい以前の生活の記憶から徐々に立ち直っていく。ブタのベッツィが初めてピッグズピースにやってきたとき、彼女はふさぎ込んでいて周りのことにも無関心だった。サンクチュアリの創始者で管理者のジュディ・ウッズは、ベッツィがいかにひどい状況に置かれていたか私に語った。「彼女は戦争被爆者のようだった。彼女は無表情でぼんやり見つめていたり、とにかく歩くのが遅く、まるでロボットのようで、行けと言われるとどこにでも行った」。

私がハンプシャー種の交雑種（ウッズが言うには「白黒二色の普通のブタ」）のベッツィのことを初めて知ったのは、ピッグズピースのウェブサイトで、ウッズはそこでワシントン州東部の農場でベッツィが強いられていた不潔な囲い地について語っていた。ベッツィは死体に囲まれた糞便の中で暮らしていた。ウッズが書いているところでは、「汚泥の中で溺れないように眠る唯一の方法は、死んだブタの体の上に頭を載せることだった」。ようやく地元の保安局によって飼い主の権利が差し押さえられ、ウッズがベッツィをピッグズピースへと連れてきた。

精神面だけでなく、ベッツィのように足が不自由で痛みが伴うなど肉体的な外傷も抱えている場合、新入りメンバーをただ他の仲間に紹介しただけで事がうまくいくことは期待できない。最初、ウッズはベッツィを個体専用の池、干し草のベッド、仕切り部屋が付いた数エーカーの牧草地というプライベートエリアに入れた。ベッツィは救出されたあと、別の施設で医療用の検疫は受けていて、今では自由に好きなだけ動き回ることができた。最も重要なことは、隣接する牧草地にいる穏やかで幸せそうなブタを見られたことだ。「最大の癒しは、ただ見ることから得られる」とウッズは私に語った。ベッツィのようにふさぎ込んでしまっているブタの場合は、「他のブタたちがここにいるのを見ると、安堵のため息をつくのが感じられるほどだ」。

ベッツィは徐々に自分自身を取り戻し、サンクチュアリの百五十頭の大きな「群れ」に加わり、牧草地をゆっくりと散策するのだ。ベッツィはトニーという名前の若いブタを親友として選んだ。「おばあさん」ブタのベッツィは現在およそ十三歳で、トニーより動きは遅いのだが、二頭は毎日一緒に昼寝をして、毎夜一緒に寝るのだ。ウッズはベッツィの選択に驚いた。というのは、人間の見方ではこの二頭の友達は不釣り合いだったからだが、そこがピッグズピースのようなサンクチュアリのいいところで、すべてがブタ次第なのだ。

この施設に住む動物たちがここに来る前、自分ではどうしようもできない生き方をしていたブタたちの恐ろしい経験をすらすらとウッズは列挙した。例えば、車から落とされたり、ガスバーナーで焼かれたり、車の床板での生活を余儀なくされ足が麻痺してしまったブタなどだ。しかし、ほとんどのブタは、まぎれもない世話の放棄の犠牲者であり、それ自体が一種の虐待だ。姉妹であるヨークシャー種のブタ（大型で白い）のイザベルとラモナは、サンディエゴのシーワールドの八フィート（約二・四メートル）平方のコンクリート部屋に入れられていた。シーワールドは海洋哺乳動物のショーで最も有名だが（もしくは悪名高いと言えるかもしれないが）、ネコ、イヌ、ブタのような小型動物も来場者の娯楽の対象となっている。問題は、ラモナとイザベルがもはや演技に協力しなくなり、ウッズがこの姉妹に会うためにサンディエゴまで飛行機でやってくる頃には一年あまりもその小さな退屈な部屋で暮らしていたことだ。

このような状況の場合、ウッズはブタを引き付けるための秘密兵器を活用する。それはピーナッツバターのサンドイッチだ。「食べたことがあるブタはまれだが」と前置きしつつ、「ピーナッツバターはブタにとってはとても素晴らしい感動もので、口の中にその感動が残るのだ」とウッズは説明してくれた（驚異のブタ、エスターがピーナッツバターの入ったおやつボールを素早くマスターしたのも当然だ）。ウッズがイザベルとラモナを引き取ることに同意すると、シーワールドはピッグズピースのある北部へとこの姉妹を車で運び、そこでウッズの出迎えを受けると、さらの多くのピーナッツバターサンドイッチをもらった。ベッツィと違って二頭の姉妹は、気持ちが沈んではいなかった。ウッズの言い方では姉妹は「上機嫌」だったようだ。この二頭の初めての雪との出逢いを映した一枚の写真（とピーナッツバターに大喜びのもう一枚）がサンクチュアリのウェブサイトで見られる。

ラモナとイザベラは様々な苦難と変化のときをともに支えあって過ごし、それが確かな助けとなって何とか切り抜けることができた。そのような愛情は私たち自身の生活においても、私たちの各人が知ることになるかもしれないが、多くの場合あとでその愛情ゆえにたいへんな苦労をすることにもなる。姉妹が救出された数年後、イザベルが病気になると妹は彼女のそばを離れなかったのだ。イザベルが死ぬと、ラモナは深い悲嘆にくれた。地面に横たわり、食事を拒否し、動こうともしなかった。ウッズは、仲間に死なれてしまったブタの悲嘆を受け止める最良の方法は、その気持ちに寄り添うことだと信じている。ウッズがイザベルを埋葬するとき、ラモナにもウッズの悲しみが分かったようだった。ちょうどベッツィがピッグズピースでの生活への適応に時間がかかったように、ラモナが姉のいない生活に適応するのにも時間がかかった。ラモナがやがてルーシーと呼ばれる別のブタとの絆を深めていくと、彼女の回復は確実なものとなっていった。

物を使っての遊びでもいいのだが、特に社会の仲間と遊びの中で過ごす時間は、どこで生活していようともブタの肉体面および精神面の健康を増進する。商業的に育てられた子ブタは、幼い頃からより困難な環境に対して積極的に反応する。エジンバラの獣医学者ジェシカ・マーティン、サラ・アイソン、エマ・バクスターは、ラージホワイトとランドレースの交雑種の雌とピエトレイン種の雄から生まれた百十七頭の子ブタを二つのグループに分け、それぞれを異なる育成状況に置くことでこの事実を示した。「新生子用環境ケージ」（NEC）グループのブタは、肉体的および精神的発達を抑制すべく味気ない環境である標準的な分娩ストールに産み落とされた。これらのブタたちは（小割板のついた小さな「糞便排泄場」を除いて）固い非断熱コンクリートの床で生活し、毎日ほんの二つかみの干し草しか与えられなかった。子ブタたちが檻の前の保温エリアを含めて自由に動き回れたのに対し、雌ブタは平行棒によって中央部に追いやられた。NECのブタたちは他の雌ブタと子ブタのグループとの交流が断たれた。

対照的に二番目のグループ（NECと区別するためにNEPグループと名付けられた）の子ブタは、子ブタと雌ブタの代替分娩環境の略であるピッグ・セーフと呼ばれる場所で産まれた。ここのより大きな囲いの中では、より多くのわらが分娩前の雌ブタに与えられ、小割板の付いた糞便排泄場を含め床には断熱コンクリートが使用された。しかし、ピッグ・セーフの重要な改善点は、分娩後の豊かな関わり合いが十分に考慮されているという社会的な領域にある。雌ブタは閉じ込められていないため、母子が一緒に遊べ、互いが隣にいる母ブタや子ブタと視覚的にも物理的にも交流できるのだ。傾斜した壁面は、子ブタが（おそらく雌ブタに）押しつぶされる危険から守られるように設計されている。

研究対象の子ブタたちはすべて生後二十七日目で母親から引き離され、したがってそれが離乳のときとなった。彼らは（すでに分けられたNECとNEPのグループごとに）離乳した子ブタ用の同じ規格の檻に入れられた。

離乳前の段階にNEPの子ブタたちは、母ブタとだけでなく、より多くの時間を遊びに費やし、示した遊びのレパートリーも多彩だった。離乳後は両グループとも同一の環境で生活していたことは確かで、遊びの違いもなくなった。しかし、充実した福祉で遊びに対する積極性が増大したことは、たとえそれが短期的なことであったとしても、その重要性が否定されるものではない。マーティンや共著者が指摘するように、ブタは（ほとんどの動物も同様だが）リラックスしていたり前向きな情緒状態にあるときにしか遊ぶことはなく、この状態はこれらの動物において確かに促進する価値がある。

ざっと結果を一見したところでは、NEPの子ブタを否定的にとらえることもできよう。というのは、これらのNEPの子ブタの方がより攻撃的な行動をとったからだ。では、直感に反して、福祉の充実した環境の子ブタの方がより多くのストレスを経験したことがありうるのだろうか。しかし実際には、たんに数量だけなく、観察された攻撃性の特性やタイミングも考慮に入れれば、その逆であることが分かる。研究者が記載するところでは、NEPのブタの攻撃性は「急性のもので、NECのブタが七日間通して攻撃性が続いたのに対し、NEPでは七日目までに急激に減少した」。したがって、近くの子ブタたちと何かと関わりを持つことができる、より複合的な環境を経験したブタの方が、それほど挑戦することのない環境で育ったものよりも、著者たちが表現するように「社会の階層間のいさかいを解決するのが速いのだ」。彼らが私たちに注意を喚起しているように、ストレス生理学上の数値を測定することはこの解釈をさらに堅固なものとするか、あるいは否定するものとなるかの決定に役立つだろう。

一面では、NEPの子ブタの方が認知力の強みを示した。NEPの子ブタは身近な物体を見分ける識別テストの成績が良かったのだ。そのテストとは、いったん見慣れたもの（水を飲むための青色の正方形の装置）が見せられ、その十五分後に見慣れたもの（青色の正方形）と新しいもの（小さな赤と白の道路標識コーン）が見せられ、それを識別するというものだった。しかし、見せられてから一時間後には、この物体識別テストにおけるNEPとNECの子ブタの能力は変わらなくなった。この複雑な結果をどう判断したら良いのか私には確信が持てないが、十五分後の識別テストでNEPのブタが新しい物により素早く近づいていったことは明らかだ。この結果は、おそらく好奇心が旺盛な若い時期における、より前向きで物事を恐れずに冒険しようという態度の表われであろう。

ＮＥＰのグループにもたらされた遊び、社会的行動、認知能力における利点を目のあたりにすると、ブタにとっての福祉が充実した生活の重要性が分かる。商業用に育てられたブタには歩き回る自由、認知上の刺激がなく、そしてエスターが大好きな遊びを経験することもないが、これらの実験結果はブタの生活すべてにわたり常に充実した福祉を提供することの重要性を訴えている。再度言うが「常に」なのだ。その理由は著者たちが具体的な特定に苦心していることだが、ブタの反応は身近な環境に大きく依存しているからだ。

ブタの遊び好きなイメージにふれて、あなたがブタの足取りで走ってみたいという気分になってくれたなら、家畜のブタが楽しむことに協力できるという、オランダの動物福祉学者とデザイナーによって共同開発されたゲームに参加することを考えてみてほしい。このブタ追いレースは、人間の参加者が狭い場所に閉じ込められているブタの気を晴らし楽しませるために、光って踊るボールをブタたちに送るゲームだ。それはアイパッドやそれに類する装置を使うのだが、こんな仕組みになっている。まず人が光の画像を動かすと、スクリーンにブタの顔が見えて、彼らがボールの動きに反応する表情が見てとれる。さらに彼らの反応ぶりは続く。群れの一頭のブタが大きなスクリーンの近くに立ち、短い間だが、必死に人間が放り投げるボールを元気よく追いかけるのが見える。それは迫力のあるゲームでもある。というのは、特定の条件がブタと人のペアによって満たされた場合、花火が上がり両方のプレーヤーの視界に入るのだ。この種の「脳の刺激」から最も恩恵を得るブタとは、エスターでも、サンクチュアリにいる比較的少数のブタでも、または小規模農場のブタでもなく、工場式農場にいるおびただしい数の（激しい苦痛同様）ひどい退屈に耐えているはずのブタなのだ。異種間のゲームはこのような退屈を解消するための有望なツールであるが、どんな場面で最も役立つものなのかはまだ分かっていない。

エスターやサンクチュアリのブタたちの日常活動であるブタ追いレース、さらに記号、コンピューター、鏡、挑戦しがいのある新生仔環境を用いた実験は、単なる豚肉に留まることのない明確なブタの姿を私たちに示してくれる。しかし、ブタに関する私たちの認識の枠組みは通常、食料としての面に集中するという事実は回避できない。豚肉製品に対する熱狂的人気とは、食への執着の中で世界的に見ても間違いなく最も激しいものだ。

ベーコンとバーベキュー

娘が高校生のときに付き合っていた相手へのクリスマスプレゼントとして、私はジンガーマンの食品カタログの中からベーコンチョコレートバーを注文した。ベーコンなら何でも大好きだという人のために、そのような新商品を見つけ出して自分でもよくやったと思いながら、仰々しく差し出したのだった。それから間もなくベーコン人気がアメリカを襲った。現在ではベーコンアイスクリームなど他のスイーツもそうだが、ベーコンチョコレートは容易に見つかる。私の地元、バージニア州グロスター郡で人々のドーナッツのおいしい味覚体験を高めたサンライズドーナッツでは、メープルベーコンドーナッツが売り切れることもある。ベーコンは今日では飲み物ともなり、ベーコンミルクシェーキ、あるいはベーコン風味のビールやウォッカなどが商品化され、さらには消臭剤やシェービングクリームなど食品ではない製品の中にも見られる。

ベーコンよりもさらに、バーベキューは人類学、言語学、政治経済学などすべてをひっくるめた分野の研究対象になっている。私が育ったニュージャージーにおいて、バーベキューは週末や休日には欠かせない必須の行事だった。現在私が住んでいるノースカロライナの州境からさほど遠くないバージニアの南東部では、それは人々が食べるその食品自体を指す。ローラ・ダブは「北部の人たちは裏庭のグリルで食べ物をバーベキューする。しかし南部ではバーベキューはほぼ間違いなく名詞だ」と表現しており、それはほとんど常に豚肉を指す（それがここで私が使う意味だ）。

バーベキューは南部ではどこでも熱狂的に受容されている文化遺産の象徴だ。ウィリアム・アンド・メアリー大学での私の長年の同僚、人類学者のブラッド・ワイスは、ノースカロライナのピードモントで放牧された豚肉に関する民族誌的な研究を行ってきた。彼が言うには、ピードモントカロライナバーベキューは、ほぼ必ずと言っていいほど時間をかけてスモークされた豚肩肉からできていて、ピリッと辛いケチャップベースのソースが添えられる。それに対して、東部カロライナのバーベキューはブタの全身を使い、これまた多くの場合、ヒッコリー材で時間をかけてスモークされる。ワイスはこのバーベキューには、「いかなる状況でも決して」ケチャップはありえないとあえて付け加える。調理の最終段階も地方によって異なり、バーベキューは、ピードモント地方では肉が引き延ばされたり（切り刻まれたり、引き延ばされて細長い断片にもされたり）、あるいは薄く切られたりと様々だが、東部カロライナでは細かくぶつ切りにされる。ブタは、これから私たちが見届けるように、ノースカロライナでは大きなビジネスとして成立していて、ブタが重要であり、ブタに関する製品が重要であり、バーベキューが特に重要なのだ。バーベキューを満喫する人たちの地元の調理法に対する忠実ぶりは、スポーツファンの地元チームに対する振る舞いと同じだ。

このように熱い気持ちで消費されるベーコンやバーベキュー（その他の豚肉製品もだが）と奇妙にも並

行して、ブタの学習能力、知性、様々な個性が、その他の家畜のものよりもメディアではるかに声高に取りざたされている。よく知られているブタ由来の軽蔑語は、大食（ブタのようにがつがつ食べるね）や不潔な状態（お前の部屋は汚い豚小屋だね）などを指し示すが、ニワトリにおけるバードブレイン（うすのろ）、ウシにおける怖気づいて服従した動物、ヤギにおける強情や行きすぎた性行動のようには表現されない。『ブタ』（*Pig*）の中でブレント・ミゼルが書いているように、「ブタは近代的な食肉処理場から出荷される十八パーセントのハム、十六パーセントのベーコン、十五パーセントの腰肉、十二パーセントの背脂、十パーセントのラード、それぞれ三パーセントのスペアリブ、ばら肉、ほほ肉、豚足、切りくずだけではない」という考えに敬意を表したい。というのも、「賢い動物のトップ10」にはしばしばブタが取り上げられており、ブタはこのリストに入っているのを私が見届けられた唯一の家畜なのだ。

家畜のブタが、ニワトリ、ヤギ、ウシと異なる点は他にもある。すなわち、ブタは卵を産めないし、乳をとるためのブタはいないし、ブタの乳から作られるチーズを販売する市場は存在しない（ブタから作られる「ヘッドチーズ」とは、ブタの頭部を原料とした煮こごり料理なのだ）。ブタのたい肥は、農場や家庭菜園で肥料として使われてはいる。しかし、たい肥とは、他のどの家畜にも当てはまらない大きな事実の副産物にすぎないのだ。すなわちその事実とは、私たちがブタを飼育するのはたんに肉をとるためで、それで屠殺が必要になることだ（繁殖用の雌は屠殺が先に延ばされることもあるが、それは屠殺される他のブタたちを産み出すためだ）。

このベーコンとバーベキューに対する欲望が暗示するように、賢くて社交性のある存在としてブタを受け入れる私たちの姿勢にはひどく中途半端なものがある。一つには、ロリ・マリノやクリスティナ・M・コルビンが二〇一五年に発表したレビュー論文「思考するブタたち」で指摘しているように、家畜としてのブタの行動、認知、感情に関する私たちの知識のほとんどが何らかの点で、産業用飼育に関係する行動調査で得られたものなのだ。飼育下であれ野生下であれ、より自然な状況下におけるブタの行動を理解しようとする動きはまだまれであり、現在の主要検討課題はブタをより効率的に管理し、よりよい食品にするための理解促進に留まったままだ。

豚肉は世界で最も多く消費される肉だ。中国は現在、世界のブタの生産量において第一位にある。エコノミスト誌によれば、世界のブタの半分は中国で飼養され、消費されている。ブタから作られる食品は長きにわたり中国の食事の中核をなしてきた。北京官話に刻まれている事実として、「肉」と「豚肉」を表す言葉は同じであり、「家族」を表す文字は一つの屋根の下に「豚」と書く。一九七〇年代までは、九十五パーセントのブタが小規模農場において四頭あるいはそれ以下の頭数で飼養されていた。今では中国で飼養されているブタのほとんど（これも九十五パーセント）が海外から導入された三品種で占められている。工場式農場の急激な増加は、今ではブタが常時数千頭もの単位でまとめられ、与えられた短期の寿命を過ごすことを意味する。

アメリカでは毎年育てられる一億頭を超えるブタのうち、九十七パーセントが工場式農場で生活している。フィリップ・リンベリーの著『ファーマゲドン─安い肉の本当のコスト』につきまとうイメージは、「ノースカロライナ一帯に点在する三千以上もの場所にたまったブタの巨大な汚水」というものだ。これらの不潔な汚水のプールは、新鮮な空気も吸えず畜舎内に閉じ込められた動物たちが、小さなコンクリートの区画の上に立ちつくし、肉にされるまでの期間を耐えながら過ごす農場の産物なのだ。しかし、二〇〇九年に全米豚肉委員会によって発表された百三十四ページの出版物『一目で分かる養豚産業の事実』（*Quick Facts: The Pork Industry at a Glance*）では産業を支えるこの動物たちを軽快なトーンで論じている。そこであげられた事実と数字には、一九三三年に体重が二千五百五十二ポンド（約一・一五トン）に達したテネシーのビッグビルという名のポーランドチャイナ種の去勢雄ブタ、一九八六年にバルセロナで調理された単独のものとしては最長の五千九百十七フィート（約一・八キロメートル）のソーセージが含まれている。「よくある質問」欄では、「肉の部位図はどこで手に入るか」、「ブタの身体部分（耳、足、腸、尾、あるいは肉以外のその他の部分）はどこで購入できるか」、「枝肉価格を時価に換算する方法はどうしたらいいか」などの情報がカラフルなページで紹介されている。この文書の後半部ではブタに対する生産者の「道義上の義務」が宣言される。すなわち「生産者はブタが生き物であるという認識に基づき、彼らに福祉の促進をもたらすレベルの世話を提供しなくてはならない」。しかし、全米豚肉委員会が最後に掲げる宣言には懐疑の念で思わず眉をひそめてしまうかもしれない。

ブタの産業的な扱いが中国で拡大したとしても、工場式農場におけるブタの生活状況に対する監視の目は、北アメリカ、イギリス、ヨーロッパで増大しつつある。これらの農場で生活する個々のブタは、本書で私たちがすでに見届けた工場式農場のニワトリやウシと同様、その大方が私たちには個々の存在としては認められないままだ。しかし、自然に生じる個体差を考慮に入れても、これらの見えてこないブタはあらゆる面で、私たちが名前で認識しているブタと同じくらい賢く敏感なのだ。

「ブタ」という言葉に出会ったときに私たちの心に浮かぶのは、バーベキューレストランの看板に陽気な表情で描かれている、ピンク色をしていて、巻いたしっぽがあり、キーキーと鳴く家畜という象徴的なイメージかもしれない。エスター自身、巻いたピンク色のしっぽを持つブタのうちの一頭だ。しかし、ブタの見事な多様性はより広い世界に存在しており、家畜化されたすべてのブタの先祖であるイノシシを含め、野生のものとしては十六種のブタの仲間がいる。十六種のうち五種はヤブイノシシ、アカカワイノシシ、モリイノシシ、二種のイボイノシシでアフリカに生息している。
私はケニアにいた頃、たまにやってくるヒヒ観察の休みの日には、森に向かい、イボイノシシを見ることが何よりの楽しみだった（かつては小説を読みふけったり、ベッドの下に隠しておいたチョコレートに手を延ばしたりしていたのだが……）。私の目的はただリラックスして楽しむことだったため、このような活動が科学に貢献することはこれまでなかった。背丈が低くて高速で走るブタの仲間は、ライオン、ヒョウ、ゾウなどが大勢の観光客を引き寄せるように私を魅了したのだ。

一頭も目撃できずに数時間経過することもあったが、突然、よちよち歩きの赤ちゃんを連れた母親のイボイノシシ（ピッグズピースサンクチュアリで見るよりも小規模な群れ）が目の前に現れたりした。サバンナの上を尾を高く立てて、イボイノシシたちはおそらくねぐらである地中の巣穴、または望ましいエサのありかへと向かうところだったのだろう。穴掘りが上手なイボイノシシは鼻先と足の両方を使い、根、球根、昆虫を探して地面を掘り起こすが、掘ることに夢中になりながら、足首を軸にしてさっと体を回転させる。危険が迫ったことを察知すると、イボイノシシは巣穴から猛スピードで飛び出てくることもある。経験豊かな同僚に私が警告されたことは、巣穴に近づきすぎて、うっかりそこに住んでいる母親の邪魔をしてしまうと、母親が急に攻撃態勢に入り突進してきて、膝頭を打ち砕かれかねないとのことだった。

幸いにも、恐れていたような膝蓋骨骨折は起こらずにすんだ。そしてこれらの熟練した雑食性動物を観察することで、野生化ブタとして知られている自然界の力を有する存在に関するいくつかの洞察を得ることができた。自然界にいるブタの仲間の中でかつて家畜だったものは、野生ではなく野生化したものとみなされる。おそらくは彼らはある種の養豚場から逃走したり、あるいは先祖が交雑種であったりしたのだろうが、逃げた雌ブタがイノシシと交尾したりした（野生化した子孫を残した）のだろう。野生化ブタを自然界の力を有する存在と言うのは冗談ではない。なぜなら彼らは目の前に現れるほとんどのものを貪欲に食い尽くしてしまうからだ。ここで、バーリー・エスタブルックがまとめた野生化ブタの食べ物の簡単なリストを紹介する。すなわち、小麦、大麦、トウモロコシなどの穀物類、ジャガイモ、スクウォッシュ、豆、カボチャ、ブドウなどの農作物、カニやヒキガエル、絶滅の危機にあるウミガメ、シチメンチョウ、ウズラ、ライチョウなどの卵、子ヤギ、子ウシ、子ヒツジ、シカの死肉、人間の死体などだ。

「自分自身のルールを守り、興味の赴くままにどこへでも行き、自分たちのブタらしさの本質をひけらかす」という、野生化ブタたちで作られた「ブタの仲間の地下組織」がエスタブルックを魅了する。私もブタの仲間を愛する人間として、その荒々しい描写を楽しんでいる。ブレント・ミゼルは『ブタ』の中でもう一歩踏み込み、人間と交流したことでいかにブタたちが苦しんできたかを考え、野生化したものを含めブタを放し飼いするやり方を私たちが推進することで、彼らに当然な権利を与えられることを暗示している。野生化ブタが目撃できることは「勇気づけられる兆候であり、この順応性に富み、知的で社会的な動物が人間によって完全に制御されることは決して無いことを思い起こさせてくれるものなのだ」とミゼルは記している。

しかし、野生化ブタたちの気まぐれな態度をただ褒めていては、皆に対する（ブタ好きな人にさえも）押しつけ行為ともなりかねない。なぜなら、彼らが暴れまわった被害の余波の処理もしなくてはならないからだ。これらのブタが突っ走った場所では、収穫物や森に大きな被害が及びうるのだ（エスタブルックとミゼルはこの事実をしっかりと説明している）。ブタたちは戦いを優位に進めているが、それは彼らの個体数が多いことと、恐ろしいほどの学習能力が相まって、駆除用に設計されたいくつかの方法への対抗策を彼らが考えられるからだ。罠を回避する野生化ブタは生き抜き、より多くの子孫を繁殖させるだけではなく、今後どのエリアを回避すべきか認識し記憶するのだ。現在、アメリカ全土におよそ四百万〜八百万頭の野生化ブタが成育している。南極以外のすべての大陸に存在し、これらのブタはオーストラリアに侵入し、驚くべき繁栄を遂げ、サトウキビやバナナの収穫に大打撃を与え、個体数はその敵のホモサピエンスを超える。

イタリアでは、問題は野生化ブタでなくイノシシであり、都市部に次第に近づいてきている。二〇一五年には、一頭のイノシシがローマ郊外のバス停のそばを歩いているところが写真に撮られ、ウンブリア州では一人の男性が孫息子の通う幼稚園の近くで一頭のイノシシに襲われてけがをし、病院に搬送された。チンギアーレは昔からイタリア人の大好きな料理だったが、今ではその料理で食べられる動物がそれを食べる者たちの住む中心的領域へと徐々に侵入しているのだ。

イノシシがおいしく食べられ、家畜の豚肉が世界的に人気なのに、野生化ブタの大部分が消費されていないのは、直観に反しているように思える。撃たれたり、罠にかかる野生化ブタの死骸は人間以外の捕食者に食べられることもあるが、少なくともそのほとんどが私たちによって放置され、廃棄される場合が多い。エスタブルックによれば、野生化ブタの一部は人間によって消費され、テキサス一州で獲られる年間十万頭が高級レストランの顧客のテーブルにのぼるとのことだ。アメリカ疾病予防管理センターは、病気感染したものを殺して野外解体したり、食べたりする人間に感染することがある病気、ブルセラ病のリスクを野生化ブタを獲るハンターに警告している。しかしイノシシ自体もブルセラ病にかかり苦しむこともある。野生化ブタを食べるのを避ける傾向は、いつものことだが文化的な伝統によってもたらされた特殊な状況なのだ。

ウルスラを食べる

ブタの一般的なイメージは、おいしく、世話の焼ける、さらにたいへん魅力的なものというものだ。ブタに関するこれらの様々に異なる見方や考え方は、不安定な緊張感を伴いながらも共存しているだけでなく、複雑に入り組み、さらにそれらを互いに創り上げているとさえ言える。

人類学者のブラッド・ワイスは、アメリカの食のシステムの中で高まる傾向として、人々が食べることを欲するのはただの一頭のブタではなく、特定の個体としてのブタになりつつあると特に指摘している。彼は次のように書いている。「多くの農場経営者も顧客たちも同様に、当該の動物の現実を否定することはもはや望まず、彼らは自分たちが食する動物たちとの関係を持つことを欲し、さらに彼らが食す肉はかつては動物だったことをはっきりと認めるのだ」。自身が住んでいたノースカロライナのピードモント地域において、ワイスはケインクリーク農場でブタの世話を手伝った。その農場はイライザ・マクリーンが経営するもので、放牧されたブタが飼養され、カーボロファーマーズマーケットでその肉が販売されていた。理解したいと願う対象や状況にこのように深く関わることは、人類学者によくあることで、ワイスの場合ではこの経験を経て、のちに自ら食べることになる動物と出会うことになった。ワイスは、二人の友人と豚バラ肉のバーベキューを食べたときのことを語る。一人は向上心に燃える農場経営者かつ食品起業家で、もう一人はノースカロライナにあるサクサパハウゼネラルストアと呼ばれるレストランのシェフだった。そのうちの一人が、自分たちが今おいしく食べている豚バラ肉はウルスラのものだと言ったのだが、それはワイスが農場で知っていた交雑種のブタだった。しかし、「知っていた」とは正当な言い方ではない。農場の新米作業員としてワイスは、ウルスラの子どもが塀で囲まれたエリアから逃げ出すのを阻

ノースカロライナのケインクリーク農場のブタ（写真提供：エズラ・ワイス）。

止しようとその後肢を持ち上げた。このような善意で行った介入は、ウルスラには好意的なものとはとられず、ずっしりと太った怒った雌ブタは彼を攻撃してきて、ワイスは塀の上に飛び上がった。「彼女は顎で容易に私の膝を締めつけ、私の足を半分にへし折りかねない状況だった」とワイズは書いている。そして顔をしかめながら特に次のように語る。「子どもを扱う際の私の注意がまったく足りず、彼女の牙はすぐ近くにあり、彼女がそのような行動に出るのも当然のことだったのだ」。

あらゆる点で、ウルスラはケインクリークのような農場で飼育することが難しいブタだった。まず彼女から独立させたあとで子どもを市場に出す準備をするのだが、彼女の行動の激しさに直面してそれが困難になったのだ。そんないきさつがあり、サクサパハウゼネラルストアがウルスラをテーブルに出すことになったのだ。

ウルスラは屠殺のために移送されることになったが、私が知っている他の雌ブタの場合とは異なり、もうこれ以上「子を産む」（すなわち繁殖の）能力がないからではなく、むしろ良い母親だからこそあまりに強情すぎて、作業員やその他の母豚、ひいては総合的な見地から農場に置いておくことは損害が大きすぎると判断されたからなのだ。

ウルスラが自分の赤ちゃんたちのことを、ミゼルがブタに関して否定しているところの十八パーセントのハム、十六パーセントのベーコンなどにされないように守ろうとする姿が心に響く。私には、ウルスラが知性の点においてブタの中でも鈍い方なのか鋭い方なのかは分からないが、彼女の知性の鋭さがどうであれ、ウルスラは独特の個性の持ち主として際立っている。ワイスはたとえウルスラを食べたにせよ、確かに彼女のことを自分の家族を守るために危険性を適切に見極められた特別なブタとして見たのだ。数世紀もの間、世界中の農場経営者やその家族は、自分たちにとってなじみ深く、愛情を注いだ動物たちを食べてきた。もちろん、ゼネラルストアで豚バラ肉を食べたり、カーボロファーマーズマーケットで豚肉を購入した客には、その肉がウルスラであったことは分からない。豚肉製品の消費者が農場の状況やブタの一般的な生活について問い合わせることはあるかもしれないが、彼らにとって小分けで販売されている肉と個々のブタたちとのつながりはないのだ。いつの日にか動物の名前（またはその性格についての詳細）が記された肉が売られるような日が来るなら、まずブタがその対象となるだろう。

ウルスラは私たちのために、小規模農場でのブタの生活ぶりと既知のブタを消費する行為を結び付けてくれたが、その他のブタたちは論点を別方向に向かわせる。個々の存在としてブタを見るようになると一部の人たちは豚肉を食べるのをやめるようになるのだ。全米人道協会の『オールアニマルズマガジン』との会見で、スティーブ・ジェンキンズはブタのエスターの影響力を語る。

七十六歳の菜食主義者の女性が私たちに初めてメッセージを送ってくれたが、それによると、彼女の夫が食料品店で一包みのベーコンを手に取ったがそれを戻したとのことだ。彼女がその理由を尋ねると、彼は「エスターが理由なんだ」と答えたという。この男性はごく平均的な南部のアメリカ人で、これまでずっと懸命に働いてきた普通の食事を好むタイプの人だ。しかしここに来て、彼はエスターのために自分の食を変えようとしているのだ。私はそれを読んで泣けてきた。私たちは何百ものそのようなメッセージをもらったのだ。

ジェンキンズと彼のパートナーのデレク・ウォルターは、エスターとの生活を始めて数週間も経たないうちに自分たちの食習慣に疑問を抱いた。台所で一緒にベーコンを調理しているとき、彼らは互いに顔を見合わせると、そのまま次の作業に移れないことに気づいた。彼らはブタを食べることをやめたのだ。

社会全体でブタが消費されないという完全菜食主義者の理想郷を想像してみるとどうだろう。一つの結果としては、私たちの食の仕組みにおける遺伝的多様性が失われるだろう。繁殖されるブタの品種はかなり限定され、一部は絶滅するからだ。米国家畜品種保護団体は、希少種の家畜や家禽が存在することが健全な生物多様性のカギであり、重要な文化遺産という側面でもあると主張している。この団体のウェブサイトは次のように宣言している。「これらの品種の損失は、農業の質の低下を招き、人間の精神を停滞させるだろう」。ブタの品種の保存に関する優先順位のリストでは、何よりもまず絶滅が危惧されるチョクトー、ミュールフット、オサボー島豚の名が見られ、次いで絶滅のおそれのある状態のグロスタシャーオールドスポット、ギニア豚、ラージブラック、レッドワトル、タムワースが並ぶ。

この保存行動計画を見て私の心にまず浮かんだものとは、どちらかと言うと皮肉な疑問だった。仮にミュールフットやレッドワトルなどのブタがいなくなってしまったとしても、人間の精神が本当に停滞するのだろうか。もし誰かが、クロクモザルやスマトラサイ、タイセイヨウクロマグロやヨウスコウスナメリなど絶滅の危機にある野生種に対してそのようながさつな発言をすれば、私はそれには憤然として立ち向かうだろう。しかし問題はこれら二つのケースがどのような点で同等の価値があるのかということなのだ。米国家畜品種保護団体は私たちが推測できるあらゆる理由から、遺産としての品種を維持することが農業にとって重要であると考えている。すなわち、遺伝的多様性は耐病性や持続可能性に関連する育種計画にとっても良いことなのだ。しかしこの考えが、ブタを食べるためにブタを救うということならば、それは馬鹿げたとんち問答のようなものになってしまわないだろうか。

遺産的在来種の保存は、ブラッド・ワイスがノースカロライナで働いていた小規模で比較的人道的な農場において、そしてワイスが『実際のブタたち―地元の豚肉分野における価値の変化』(*Real Pigs: Shifting Values in the Field of Local Pork*) で述べているように、農場経営者たちがその活動を「個々のブタの生活の独自性に合うように」調整しなければならない状況では勢いを増すものとなる。このような場所は、ニワトリたちが自由に歩き回っていて、チャンス・クリスティンが卵を売って家族のために豊かな生計を実現したウガンダの養鶏場（第4章参照）にいくぶん類似するものだ。『実際のブタたち』で示されているワイスの目標は、ピードモントのブタを取り巻く食の仕組みにおいて、農場経営者、ブリーダー、シェフ、消費者によって受け入れられる「出所の正しさ」を志向することだ。アイオワ州に次いで、ノースカロライナ州には大規模な産業的養豚場があふれている。数百万頭もの単位で名を知られることのないブタたちが飼養されているこれらの養豚場の近くに住んでいるのは、地元（ピードモント）の遺産だとして、牧草地で育てられたブタの肉に価値を置く人々だ。米国家畜品種保護団体によって緊急な保護が必要であるとみなされている種の一つであるオサボー島豚やその他の種は、ワイスの食品ネットワークにおいては、同時に自身の欲求を持ち主体的感覚性を有するものとして、またこちらの方がさらに顕著なものなのだが、農場経営者、食肉販売者、レストランのシェフ、消費者がつながるための主たる中継点としてみなされている。私はこれらの二つの要素におけるアンバランスを強調するための努力をしたいと思う。すなわち、ブタはウルスラのように確かに個々の存在として知られてはいるが、ワイスはそのバランスの悪さを明確に次のように表現している。彼らは「ごく少数の例外はあるものの、肉になる運命に向かう生活を送るのだ」。

この章は記号を認識し、コンピュータープログラムを習得し、鏡を使って隠されたエサを見つける賢いブタで始まった。そして絶滅が危惧されるブタ、ブタ独特のゆかしさやブタに根ざす文化的遺産を救う運動のシンボルで終わるのだ。その途中では、工場式農場に閉じ込められたブタ、さらには驚くことに、大学における動物行動学研究のためにも、シーワールドのような娯楽や豚肉製品のためにもならず、何ら活用されないブタも見た。これらのブタたちは、いずれかのサンクチュアリで生活している。ジュディ・ウッズの言葉によれば、ピッグズピースのブタたちは救済される前には、「そのようなブタのための場所が地球上に存在することも、そしてそこにたどり着くことができることも想像できなかった」。はたして今後、ブタのうちの何百万頭がこのような場所や少しでもこれに似た環境にたどりつけずじまいになってしまうのだろうか。

第8章　チンパンジー

ブサールは西アフリカの国、コートジボワールのタイ国立公園で暮らしていた。しかし彼のそれまでの生活は常に楽なものであったわけではない。生後七歳で彼の母親が亡くなった。ブサールには年上の兄弟はなく、年下の二頭の雄チンパンジーとともに、大人の仲間を求めてザイオンという名の優位な雄のあとをついて行動した。十代になった頃、ブサールは順応力を活かして、チンパンジーの社会文化の中で重要視されている二つの活動においてすぐれた技術を発揮してみせた。すなわち一つ目は、堅い殻で覆われた木の実を木や石のハンマーで割って開けたことで、二つ目は他の雄たちと協力して、多くの場合、サルの仲間のコロブスといった獲物を倒したことだ。

野生動物の楽園となるはずのタイのようなアフリカの国立公園は、密猟者に対して脆弱な状況が続いていた。持続的かつ効果的に国境をパトロールする、野生動物監視員を確保する財源が不足しているからだ。二〇〇四年九月一日、ブサールが十五歳のときに、フェルディナンドとルシエンという名の二人の密猟者がパーティに供するためのサルの肉を手に入れようと、レオンという第三の男と結託して森に忍び込んだ。フェルディナンドは、長い尾を持つ普通のサルではなく、尾がなく大型で肉厚のサルのブサールが樹上で座っているところを発見した。そして狙いを定め、発砲し、ブサールの頭部を撃ち抜いた。その瞬間に終わりを告げたのは、ブサールの十五年の命、そしてその巧みな技術であった。長期にわたりタイ国立公園で調査を行っている生物学者のクリストフ・ベッシュはブサールの死に対してこのように語った。「ただ肉のためにとは何という不条理で嘆かわしい生命の失われ方なのだろう！」。

チンパンジーが人間の食べ物になると考えただけで私たちはぞっとするだろう。チンパンジーはボノボも含め、現存するものの中では動物界で人間に最も近い存在だ。チンパンジーは高度な社会性を有し、伝統に基づく共同体で生活し、一方では共感と協力、他方では破壊的な攻撃性を併せ持つという均衡も有している。チンパンジーたちは様々な状況で高度な道具を作りかつ使い、アフリカの広大な地域に広がるすべての共同体において、技術を創造しそれを駆使することで日々の現実的な問題の解決にあたっている。彼らは喜びから悲しみまで、目で見える形で感情を表明する。著書『尾のないサル』（*Ape*）の中でジョン・ソレンソンはその点を適切に述べている。「大型の尾のないサルに私たちが魅力を感じるのは、人間と動物の境界を超えて彼らの姿が見えるからだ」。どんな昆虫や魚、タコ、ニワトリ、ヤギ、ウシ、ブタであっても、チンパンジーのようにその境界を超えることはない。したがって私は本書を、これら人間以外の無尾猿に関する章で締めくくることがふさわしいと信じている。

ソレンソンの観点から考えて、人間がチンパンジーを食べることは、私たち人間がときとして行うカニバリズムとさほど遠くない行為であると言った方が公正だろう。しかし、私たちは食料となる大型で尾のないサルのことを、自由に移動できる森やサバンナで生きていた動物の肉（食料）を表す総称「ブッシュミート（野生動物肉）」に含めてしまう。「ブッシュミートによる危機は、今日のアフリカの野生生物にとって最も重大かつ差し迫った脅威なのだ」とジェーン・グドール研究所はコンゴ盆地だけでも、年間五百万トンのブッシュミートが捕獲されて（すなわち野生動物が屠殺されて）いると報告している。この肉の大部分は尾のない大型類人猿ではなく、レイヨウやセンザンコウ、ネズミやオオコウモリなど、その他の動物のものであり、地元の市場を含む様々な状況で売られている。

当然のことながらその売買は違法であり、ブッシュミートとして犠牲になるチンパンジーの信頼できる数を特定することは困難だ。例えば、ブサールが生活していたコートジボワールでは、ブッシュミートの狩猟と取引は一九七四年に法律で禁止されたが、二〇一二年の保全研究者の報告によれば、最近の十年間で売買が増加したとのことだ。この間の政治的および社会的な混乱の中で、法律で定められた保護政策の施行は不十分なものだった。ブサールの場合には、密猟者の運が尽きたこと（あるいは悪業とでも呼びたいところだが）と法律の執行が組み合わさったことで、三人のうちの二人がその報いを受けることとなった。実は、フェルディナンドがブサールを殺したあと、ルシエンが背中にこのチンパンジーを背負ってフェルディナンドの前を歩き、二人は村への帰途に就いた。しかし、しばらく移動したときにフェルディナンドがヘビに噛まれて気を失ってしまった（ルシエンはこのとき先に進んでいて、フェルディナンドの異変に気づかなかった）。気づいたときには仲間はどこにも見当たらず、ルシエンはそのまま村を目指して移動を続けた。

そのあと様々な出来事が立て続けに起き、フェルディナンドは最終的に救出されることとなったが、ブサールはフェルディナンドの生還を祝うために企画されたパーティで実際に食べられてしまった。フェルディナンドは法の網をかいくぐるため、この直後にリベリアに逃亡した。密猟者を支援したレオンは逃げることはなく、国立公園内でのチンパンジー殺しの首謀者として懲役十八か月を宣告された。

もちろん、コートジボワールだけがチンパンジー密猟の多発地帯ではない。ジェーン・グドール研究所は、コンゴ共和国内で一年間に二百九十五頭のチンパンジーがブッシュミートのために殺されていると推定している。つまり、十二か月で二百九十五頭分のブサールが失われたことになる。しかし多くのアフリカ社会では、ブッシュミートを食すことは文化的伝統の象徴だ。この慣習で得られるタンパク質は、子どもたちに十分な栄養を与えるのに苦労している貧しい家族にとって重要な栄養源でありうる。ブッシュミートの取引は貧困を考慮せずには理解できないものであり、人々が空腹なときには野生生物保護問題の優先順位が低くなることは、特別な人類学的知識を借りなくても分かる。彼らを密猟へと駆り立てる要因の一つには貧困と不平等があり、ブッシュミート目的の狩猟行為は、一年に多いときで約千ドル、少なくとも確実に三百ドルもの利益をもたらし、それはアフリカの農村部における平均世帯年収をはるかに超える。

しかし、ブッシュミートのためのチンパンジーの屠殺を、不幸だが経済的に必要な慣行だと誤って理解すべきではない。そもそもこの行為には、伝統が実質的な役割を果たしている。ベッシュが説明するように、他の食べ物が入手できるときでも、アフリカのいくつかの森林地域では、儀礼的行事や祝典に供するためにチンパンジーが獲物にされてしまうこともあるのだ。

チンパンジーには何らかの特殊な力や能力があり、その骨、手、あるいは頭の部分を伝統的な特別な方法で食べることで、その力を獲得できると信じられている。例えば、幼い赤ちゃんをチンパンジーの骨粉を入れたお風呂に入れれば丈夫で健康になるなど、魔法のような効能がチンパンジーにはあると考えられている。その結果、チンパンジーの肉は、アフリカの多くの地域の人々にとって特別なものとなっている。

ここの地元の教育プログラムは、法律の執行とともに変化をもたらしてくれるかもしれないし、あるいは完全な失敗に帰してしまうかもしれない。当然ながら、伝統とは長く大切にされてきた社会の慣習と密接に結びついていて、その伝統に沿って生きる者は変化に抵抗するかもしれない（絶滅危機にあるクロクマの密猟を止めるようにハンターたちを説得したり、サメの屠殺の原因となるふかひれスープへの反対を求める動きに取り組もうとしても成果をあげられないでいる、アメリカの野生生物保護活動家に訊ねてみてもらいたい）。

さらに、サルたちの肉は地元のマーケットとはかなり遠く離れた場所でも売られている。二〇一一年、パリのあるアフリカレストランでブッシュミートの夕食を食べはじめようとしていた男性に、ドイツのDWがインタビューした。「ロジャーと名乗る三十代のコンゴ人男性」は事前にレストランに電話し、ヤマアラシのブラックソース和えを予約したらしい。また別の機会には、ロジャーはヘビ、センザンコウ、ワニ、サルを選択したこともあった。ロジャーはチンパンジーが自分の好みであるとは言わなかったものの、チンパンジーの肉は実際にレストラン業界を支える商取引としてヨーロッパやイギリスへと密輸入されている。二〇一四年にはロンドンに本拠を置くテレグラフ紙が、アフリカからイギリスへと不法に持ち込まれる「サル、ゴリラ、チンパンジー」は、ブッシュミートを懐かしむアフリカ系移住者から特別なごちそうとみなされていることを伝えた。西洋人には、この嗜好は後天的に備わったものである場合が多い。料理批評家のチャールズ・キャンピオンは同紙に「それは沸騰する鍋に具材を入れたシチューだ。私に伝えられることとしては、鶏肉味でないことは確かだ」と語っている。

アフリカの森やサバンナで生まれたチンパンジーの命は、ブサールのように「たった一度の食事のために」突発的に終わることがありうる。これらの生と死の軌跡からは三つの異なる、しかし絡み合う物語が見えてくる。一つ目は、チンパンジー自身に関するもので、彼らが示す複雑な行動と文化様式に関する点だ。もう一つは、苦しみを生き抜いた大型類人猿の個体が徐々に肉体的および精神的に回復の様子を示しながらも、チンパンジーの社会が喪失と荒廃の広がりをみせている点だ。そして三点目は、動物を食す行為の文化的背景に関する考察をあらためて余儀なくされるという点だ。ブッシュミートの商取引は、チンパンジーのユニークな文化や世代間で行われる社会的学習のネットワークを脅かすものという事実を知ることで初めて、ブサールの悲劇の深刻さが意識される。また同時に、ブサールの物語によって、私たちの多くは食べるべき動物を選択できるという事実について考えざるを得なくなる。

文化を有するチンパンジー

野生のチンパンジーは互いに対して協調性や暴力性を示し、最高のやさしさや最悪の残忍さが混在している人間のあり様を連想させる。雄のチンパンジーは狩り仲間と組んで共同作業を行い、ときには樹上で捕えるサルの肉を分け合う。また、近くに生息する動物たちを組織的に追い詰めて、攻撃し、死に至らせることもある。そしてチンパンジーの社会では、成熟した雄によって母親から奪われた赤ちゃんが、いわゆる子殺し行為により殺されることもある。あるいは幼くして孤児になってしまうとそのチンパンジーが、他の成熟した個体によって引き取られてやさしい世話を受けたりもする。

雌のチンパンジーはつらい経験をする。雄は生まれた群れの共同体に残る。しかし雌は成熟期になると、受胎能力ができたことを他に告知するため、腫れた桃色の会陰部を発達させる（性皮腫脹）。そして、自分たちより地位も力も上の交尾を欲する雄たちに歓迎され、雌たちは新しい共同体に移る。雌たちは不慣れな社会ドラマを経験しつつ、見知らぬメンバーたちに囲まれ、自分たちが生きる場所を切り開く努力をすることとなる。それとは対照的に、雄たちは雌に対し積極的な行動ができ、母親を含む自分の血族の間で生き延びるのだ。

強い社会性を有するものの、チンパンジーの共同体はゴリラやサルの多くの種のように、エサを探し、休憩し、互いに社会関係を持ちながら、森林、緑地帯、サバンナを群れとして移動するタイプの凝集した社会単位ではない。チンパンジーにおける形態とは、私たちがすでにヤギでも見た離合集散と呼ばれるもので、個々の小さな集団が構成と再構成を繰り返し、常に構成メンバーを変化させるというものだ。五頭で構成される集団にいた一つがいのチンパンジーがそこを離れ、別の七頭の集団に加わり、元の集団は三頭だけで存続していくこともある。生物学者のカレル・バン・シャイクと同僚は、チンパンジーの鋭敏な知性の発達を促すものとして、幼少期あるいは集中的な社会学習の点で利点を生み出す生活の送り方に加えて、この離合集散の仕組みが重要な役割を果たしていることに注目している。チンパンジーは異なる社会的地位や集団への忠誠心、個性を有する他の仲間との関わり合いなど常に社会変数を把握し、可能な限り優越的な地位に立とうとする。

チンパンジーの知性が最も顕著に現れるのは、間違いなく彼らが技術を駆使する状況の中である。タイ国立公園では、チンパンジーは複雑かつ精巧な方法で道具を作って活用する。私が気に入っているフィールドワークをもとにした研究論文「タイの森のチンパンジー」の中でクリストフ・ベッシュとヘドウィグ・ベッシュ・アッカーマンは、タイ国立公園のチンパンジーが二十六種類の道具を使い、そのうちの八十三パーセントには何らかの方法でその場の課題に合うような修正が施されていると報告している。

毎年木の実がなる頃には、チンパンジーは堅い殻に入っている木の実を割って開けるために、一日に平均二時間十五分ハンマーを使って過ごし、タンパク質が豊富な素晴らしいパッケージ食に加工処理する。うまく合うように台の上に置き、適切な大きさと形状の木製や石製のハンマーを使って上手に叩けるようになるには、何年もの修練が必要だ。タイ国立公園のチンパンジーが木の実を割るビデオは、私が人類学を教える学生にいつも人気となる。そのビデオが間違いを強調していて、子どものチンパンジーの試行錯誤による学習をユーモラスに描写しているからだ。重い木片を振り上げようとしてもうまく扱えなかったり、ハンマーも台もないので二つの木の実を直接ぶつけあうのだが効果が上がらなかったり、子どものチンパンジーがそんなふうに奮闘する様子が映し出されている。小さな子どもたちが、木の実を割っている年長者たちに注意を払わなかったからうまくいかないわけではなく、彼らは注意して観察してはいるのだ。それは私たちが子どもたちにツリーハウスの作り方を教えたり、チョコレートチップクッキーの調理法を教えるときの様子とそんなに変わるものではない。経験不足の見習い生はまず新しい技術を試してみるが、一見やさしそうでも、挑戦してみるとすぐに難題であることが分かり、失敗してしまうのだ。

タイ国立公園におけるこの学習プロセスには連続する四つの段階があるが、それは観察と練習という行動がどのような割合で子どもの身体的な成熟度と重なるものなのか、その度合いが重要性を示す軌道曲線なのだ。認知的に理解して課題を解決するために、子どもたちは徐々に力をつけていく。三歳未満では、台、木の実、ハンマーを要領よく組み合わせて使おうとしても、無邪気な間違いが目立つ。三歳ほどになれば、子どもは何をする必要があるかを明らかに把握しているが、まだそれを実行するための筋力が不足している。やがて若者は十分な力をつけ、能率がいいとは言えないとしても、かなり効果的に仕事をこなせる時期を迎える。しかし、彼らの若い体は、木の実を食べることで取り戻せるエネルギーよりも、さらに多くのエネルギーをこの作業で消費してしまうのだ。そして、損益の均衡がゆっくりではあるが着実に木の実を割る彼らにとって有益となる段階へと移行していき、チンパンジーたちが成熟した親と同じような技術を完全に習得して初めてこの長い第四段階が終わりを告げる。ベッシュとベッシュ・アッカーマンは「このゆっくりとした進歩は、大人になりかけた個体が適切なハンマーを入手することが困難であり、多くの場合、あまり適切でない道具で対処しなくてはならないという事実を反映しているものだ」と著述している。

「習うより慣れよ」との昔ながらのことわざは、木の実を割る技術の熟達にあたってはあまりにも単純すぎる。暮らす社会の現実的問題において、一部のチンパンジーは森の中で適切なハンマーを見つけることが制限されているからだ。このような状況では年齢と社会的優位性が重要であり、チンパンジーの生活のほとんどの局面でも同じだ。では、栄養とカロリーの獲得における成果がとても制限されたものであるにもかかわらず、これらの小さな子どもたちはなぜ不器用な木の実割りを執拗に続けるのだろうか。タイ国立公園で得られたデータによれば、ここには世代を超えて伝えられる連携と協力という動物界で最も優雅な仕組みが見えてくる。母親は戦略的かつ思慮深い方法（ときに子どもがせがむのに応じ、あるいは自発的に与えること）で自分の実を子どもと分かち合う。このように、木の実割りに長けた親から子へと伝えられるカロリーによって、若い道具使いたちは、栄養の観点からみても、学習過程を継続するために必要な時間と努力を投入できるゆとりが生まれるのだ。ベッシュとベッシュ・アッカーマンが言うように、「この種の永続的な動機がなければ、彼らはその努力を放棄してしまうかもしれない」。

母親たちが戦略的かつ思慮深い方法で分かち合うと述べる際、私はタイ国立公園のチンパンジーの母親たちが、子どもの技術レベルに合わせて分かち合い行動を調整していることを示すデータを参照している。すなわち、木の実を与える母親の行動は、子どもの作業効率が上がるにつれ次第に減っていくのだ。

さらに、分かち合い行動の程度は木の実割りの作業難度に応じて変化する。開けるのが容易なやわらかい木の実の場合、開けるのが難しい硬い木の実より四年も早く分かち合うことをやめてしまう（容易な木の実の分かち合いを八歳でやめるのに対し、難しい木の実では十二歳になるまで分かち合う）。

母親はまた、子どもが成功する可能性を高めるために、特別にパターン化された方法で介入し、その学習行動を支える。母親による木の実割りの明らかなデモンストレーションはほとんど見られない。ベッシュがこれを見たのは二回だけだ。しかし、子どもが三歳ほどになると、木の実を叩くための台の周りに適切なハンマーをそっと置き、子どもがそれを見つけて使えるように支援したり、四歳から五歳くらいになってかなりコツが分かってきた頃には、木の実と合うハンマーを与えたりして、彼らを刺激するのだ。これらの類人猿の生徒は、母親の一貫した支援を受け入れ、その結果、彼らの木の実割りは上達していく。

とはいえ、このような母子間の理想的かつ心温まる協力関係にも限界はある。母親が与えたいと思う以上の木の実を子どもがせがむことがあり、それに対して母親は拒絶したり、そっぽを向いてしまうこともよくある（母親による分かち合いはエネルギーの損失が大きく、いずれにせよ、母子の利益は完全に一致することはないため、問題の源は母乳なのか森の木の実なのか、母子間の対立は進化論によって予見されている）。しかし、全体としてこの仕組みはチンパンジーの母子間の強い調和能力、あるいは他の個体が心に描いている見解を理解できる大人のチンパンジーの能力を物語るものだ。子どもに対する支援や作業を楽にさせる母親の行為は、木の実を割る側の技能や木の実の特性に合わせて調整されていることからして、子どもがすでに知っていること、知らないこと、あるいは一定の年齢でできること、そしてできないことが母親には分かっていることが明らかだ。そのため母親たちは事情に応じた支援をする。それは教員が生徒の学習理解度を継続的に評価および再評価し、適切に介入する行為とあまり変わらない。

私は先ほど、ベッシュが母親による明らかなデモンストレーションを二回目撃したと述べた。一九八七年二月十八日、チンパンジーの母のリッシと娘のニーナ（残念ながらベッシュはニーナの年齢に言及していない）との間で驚くべき光景が繰り広げられたのだ。ニーナは自力でやわらかい木の実を開けようと悪戦苦闘していた。これらの木の実は割るのが比較的容易なのだが、ニーナは不適切な、形が合わないハンマーを掴んでいて作業はうまくいっていなかった。ニーナはこの問題と格闘しながら様々な方法を試み、四十回ほどハンマーの握り方を変えた。そして、とうとうリッシが娘に加勢した。すぐにニーナは母親にハンマーを渡した。

次の瞬間に起きたことは、これもチンパンジーの「心の理論」を指し示し、別の個体の知識の隙間を埋める方法を直感できる能力がチンパンジーに備わっていることを示すものだった。

　リッシはかなり慎重に考えている様子で、木の実を効率的に砕ける最良の位置に置いてハンマーをゆっくりと振り下ろした。あたかもこの動きの意味を強調するかのように、この単純なローテーションを実行するのに丸々一分間もかけた。ニーナが見つめる中、彼女は十個の木の実を割った（ニーナはそのうちの六個は丸ごと、残りの四個は中身の一部を食べた）。

そのあとリッシは動作をやめて元の場所に戻り、ニーナが再開するのを観察した。今度はニーナは母親とまったく同じようにハンマーを持ち、十五分で四個の木の実を開けた。ニーナの技術にはまだ多少の問題はあったが、進歩していたことは確かで、一対一での教えが若い学習者の技術習得に躍進をもたらしたのだ。

タイ国立公園での長期にわたるベッシュの研究、ジェーン・グドールのタンザニアでの研究やゴンベ国立公園における何年もの観察によって、チンパンジーの文化を理解するための比較研究の基礎ができている。ゴンベ国立公園にも堅い木の実、叩くための台、ハンマーがあるが、そこのチンパンジーは木の実割りをしない。ゴンベのチンパンジーはそれとは形の異なる道具使用能力がすこぶる高いのだ。彼らは、シロアリを釣るための竿やアリを釣り上げるしなやかな細い枝を巧みに作り上げ、昆虫の巣穴からタンパク質の軽食を引き抜いてしまう。六十年間もの野生チンパンジーの野外調査の結果、すべてのチンパンジーの共同体が道具の作成および使用を行っていることが明らかとなった。そこで観察された違いは、本質的に生態学的あるいは遺伝的というよりは文化的なものだ。

セネガルのフォンゴリで、霊長類学者のジル・プルエッツが発見したことは、チンパンジーは狩りのために道具を使用するが、タイ国立公園やゴンベ国立公園の雄たちによる共同の獲物追跡では見られないことだ。フォンゴリのチンパンジーは木の枝で槍を作り（通常、雌が元の形状に見事なひねりを加える）、木の窪みに頻繁に潜んでいるガラゴ（小型のキツネザル）をそれで突き刺す。際立ったこととして、この共同体による技術の使用の起源は文化的なものであり、それはアフリカ全土に共通する。コンゴ共和国のヌアバレ・ンドキ国立公園のグアルゴ三角地帯において、霊長類学者のクリケット・ザンツとデイビッド・モーガンは、彼らがドロシーと名付けたチンパンジーが林冠の高い所に作られたミツバチの巣からハチミツをとるために、三つの異なる道具を連続して使用するのを観察した。ドロシーはまず棒を掴んで巣の入り口を何度か叩いた（幸運なことにおそらく問題のミツバチは針のない種類だったのだろう）。次に、ドロシーは一本の木の枝を短くし、小枝や葉を取り除いて小さな棒に変え、そのあと二つの道具をハンマーとレバーとして交互に使用した。一時間ほどの作業のあと、うまくミツバチの巣が開いたが、ドロシーはハチミツをまったく食べずに林冠の陰で一休みした。しかし、ザンツとモーガンの著述によれば「一分も経たないうちに、ドロシーがハチミツを上手にすくえるように作られた細い小枝を持って戻るのを見て、私たちはとても感銘を受けた。ドロシーは自らの道具使用技術の恵みを堪能して、その日の午後を過ごしたのだ」。

ドロシーは一つの道具セットを用いていたわけであり、それは問題解決のために連続して使われる複数の道具なのだ。彼女は生まれた共同体からそのチンパンジーの共同体に最近移ってきたのであり、自分の技術を持ち込んできたことはありうることだ。ドロシーの印象的なハチミツ集め行動を観察してから七年後の二〇一三年までに、ザンツとモーガンはグアルゴ三角地帯のチンパンジーの間では道具セットの使用は決して珍しいものではないと報告することができた。チンパンジーはハチミツだけでなく、シロアリやグンタイアリを集めるために日常的に道具セットを使っているのだ。

応用された技術が特定の文化に特有なものであるように、私たちがフォンゴリで見た槍を使用する狩猟行動のいくつかの側面も同様だ。タイ国立公園では狩猟行動は文化的に伝えられ、アカコロブスザルを獲物とすることに特化したものなどがある。ベッシュとベッシュ・アッカーマンの発言では、狩りの学習はチンパンジーにとっては進歩のプロセスが遅く、木の実の割り方の習得よりもさらに遅いとのことだ。タイ国立公園に木の実の季節があるように狩猟期もあり、サルの出産期と一致する二か月の期間だ。その他の時期では週一回の頻度であるのに対し、この期間は毎日狩りを行い、ときには一日に複数回行うこともある。

タイ国立公園の雄は九歳か十歳になると狩りを始める。二十年も経てば、彼らは認知的に難しい技術にそれは数十年も自らの技術を完成させるために努力し、その間に明らかな進歩を遂げる競技者、芸術家、人類学者たちなど、人間にも通じるものだ。

タイ国立公園では、共同作業による狩りにおいて、獲物のサルが試みる逃亡を止めたり、逃げ道を予想して遮ったり、待ち受けている他のチンパンジーの方へ追い込んだりという、より難しい役割を引き受けるのは年長の雄たちだ。私がタイ国立公園で一番気に入っていたチンパンジーのブルータスは、ベッシュとベッシュ・アッカーマンの「タイの森のチンパンジー」における判断では、狩猟期におけるボスハンターだった。ブルータスの物語には（私たちがブサール、ニーナ、リッシ、そしてコンゴのドロシーで見たように）文化と個体との見事な重なり合いが見えてくる。タイ国立公園のチンパンジーの狩りにおいて最も知的だと考えられる偉業は、二重予測と呼ばれるもので、チンパンジーは狩りの仲間の動きのみならず、獲物の動きを予測することも可能だという。ハンターであるチンパンジーたちは、ベッシュとベッシュ・アッカーマンが言うように、「目にする獲物（逃亡するコロブスザル）の行動を予想するのではなく、次のチンパンジーの戦術が逃げるサルにそのあとどのような影響を与えるのかを予測する」のだ。これは実質的な認識力に基づく偉業である。なぜならここには非常に多くの偶発的な事象がからんでいて、森の中の三次元世界に繰り広げられる刻々と変化する状況に対応する技術が結果として必要となるからだ。ベッシュたちが目撃した八例の二重予測のうち、五例がブルータスによるものだった。ブルータスはタイ国立公園の雄ハンターの中でも天才と呼ばれて当然だ。明らかにブルータスは、皆に最も多くの肉をもたらす存在であり、十頭の雄や雌がブルータスの戦利品の肉を興奮しながらむさぼり、その群れの中心にはいつも彼がいた。

タイ国立公園での狩猟行動において、チンパンジーたちが他者の観点に分け入って、考える能力があるという多くの証拠が提示されている。ブルータスの狩猟の腕前に関する理解に基づけば、私は彼が例外的なチンパンジーだと考える。さらに私自身、死に対する動物の反応に興味をいだくことができたのもブルータスのおかげだと思っている。それは拙書『死を悼む動物たち』のために詳細に調査することになったテーマである。ブルータスについて書かれたものを読むまで、私は動物たちが死んでしまった家族や友達を悼むのかどうかについてあまり考えたことはなかった。

一九八九年三月八日、タイ国立公園の共同体にいたティナという名の若い雌のチンパンジーが一頭のヒョウに殺された。ティナの母親はその四か月前に亡くなっていて、彼女は五歳になる弟のターザンとともに当時の共同体のボスである雄のブルータスと多くの時間を共有していた。ティナの死に対する仲間の反応は様々で、死体を攻撃したり、調べに来たり、毛繕いするものもいた。四時間五十分の間（七分間だけの中断はあったが）、ブルータスはティナの動くことのない亡骸にずっと寄り添った。この間、ターザンが姉の近くに来ることは許したのだが、他の子どもたちがにおいを嗅いだり彼女の生殖器を調べることは許さなかった。ベッシュたちは次のように報告している。「ターザンは数秒間彼女の毛繕いをし、彼女を見つめながらその手を何度もやさしく引っ張った」。母親の死後じきにふと気づくと姉までも失ってしまったターザンの心に何が去来していたのか、私たちには確かなことは知りえない。より確かなことは、ブルータスがターザンとティナとの特別な関係を理解し、彼にだけは死体の周りで行っていた自らの監視行動を緩めたことだった。ここにも他者の視点を洞察したうえで、自身の行動を変えられるブルータスの能力を示す実例があるのだ。

しかし、ブルータスは共同体の中で特別な存在だったという私の結論を拡大解釈するべきではない。その能力は類人猿の個性により様々に表現されるとしても、自由に行動できる共同体のみならず、飼育下における報告からも判断すれば、他者の視点を理解する能力はチンパンジーに広くみられるものだ。私にははっきりとは分からないが、見事な木の実割りやタイ国立公園での共同狩猟に必要とされるその他の技術でもそうであったように、ブサールが心の中で観点を持つことにも長けていたと想像したいのだ。しかし、ブサールが木にゆったりと座っていたとき、森に忍び込んで彼を死に追いやろうと狙いを定めた二人の人間の心の中を読み取ることまでは、ブサールにできたとは私には思えない。

共同体の喪失

共同体の社会的な力学が、コートジボワールのタイ国立公園のブサールとブルータスの生活史を形成していったように、ブサールとブルータスの選択が彼らの共同体をも形成した。常に重要なのは個体であり、私たちにできうることは、ブッシュミートの売買、一部のチンパンジーの殺害、さらに孤児の誕生がどの程度永続的に類人猿の社会に波紋を広げ続けることになるのか記録することだ。

ワシントン・ポスト紙は、カメルーン・トリビューン紙の記者がカメルーンの首都ヤウンデ近隣にあるブッシュミートの野外市場を訪れた二〇一四年夏のある生々しい光景を報じた。ワシントン・ポスト紙の記者、アビー・フィリップがトリビューン紙の記事から次のように引用している。

繁殖期のためすべての種の動物の狩猟が現在禁止されているにもかかわらず、ブッシュミートの取引業者たちは禁じられた取引に手を染めているという事実にまるで無頓着だ。さらに、燻製にされたあらゆる種類のブッシュミートが数多く並んでいるが、入手できる新鮮な肉の量は燻製のものを上回る。カメルーン・トリビューン紙の記者が市場を回り、新鮮なセンザンコウの肉の購入に興味を示すと、ほとんどが女性である十人を超す業者が様々な値段を提示しながら、殺されたばかり、あるいは生きたセンザンコウを持って突進してきた。

チンパンジーは、カメルーンの公共市場において、ときに鱗のあるアリクイとも呼ばれるセンザンコウなど他の哺乳動物のように多く入手できるわけではない。しかし、カメルーン南西部のリンベ野生動物センター（ＬＷＣ）では、私たちはチンパンジーが密猟によっていかに大きな影響を受けているのかを示す、目に見える形の心的外傷として残るような証拠を確認できる。一九九三年に設立されたこのサンクチュアリでは三つのRを実践している。すなわち救出（rescue）、再生と復帰（rehabilitation）、解放／野生生活の再導入（release/reintroduction of wildlife）である。ＬＷＣが力点を置いているのは霊長類であり、チンパンジー、ゴリラ（ニシローランドゴリラ、クロスリバーゴリラ）、マンガベイ、ドリルヒヒ、オナガザルがそこにはいるが、カメやヨウムなどを含むその他多くの種を受け入れている。チンパンジーでの力点は救出だが、心的外傷を負ったゾウやブタに対するものと同様に、心身の再生と復帰は二歩進んで一歩下がるといったゆるやかな結果をみせる。

二〇一五年春、アイオワの大学を卒業したあとすぐにＬＷＣで働きはじめたアメリカ人のジェニファー・ドライスが、このサンクチュアリに暮らしている五十頭のチンパンジーの個体数調査シートを送ってくれた（ドライスは現在、救出されたオランウータンとともにインドネシアで働いている）。そこの類人猿の名前はモコロ、アクワヤ・ジーン、ベルナデッタ、ガルア・パパ、ヤビエン、バゾウといい、その履歴の激しさに負けじと叙情的なものだ。ドライスは次のように私に語ってくれた。「予期せず生まれてきた二頭を除き、ここにいるチンパンジーは皆、ブッシュミート取引による孤児たちだ。以前はペットとして飼われていたものでさえ、元々は母親が殺されたあとに捕獲されている。体が小さいうちは、生きたままの方が市場での金銭的価値が高いからだ」。

ドライスは、ブッシュミートの統計的数値の調査を複雑にし、チンパンジーに不吉な影響を与える原則を指摘しているが、それは密猟者の犠牲となるのは食肉として提供される動物だけではないことだ。今はＬＷＣにいる子どものヤビエンがそのいい例だ。ヤビエンの母親が密猟者に殺されたとき、この子どもは食材として扱うにはあまりに小さすぎるとみなされた。彼女はヤビエン村に行きついたのだが（その村の名にちなんでＬＷＣの介護者が彼女をそう名付けた）、それはほぼ確実に、赤ちゃんチンパンジーを引き取ることが魅力的だと考えた人物に密猟者によって販売された結果なのだ。誰かはともかく、その人物はヤビエンの腰をロープで縛り、壁に鎖でつないだ。二〇一一年七月にヤビエンがＬＷＣにやってきたとき、三歳と推定されたとドライスは私に語った。

到着するとすぐ、ヤビエンの鳴き声が信じられないほど小さな木箱から聞こえてきた。彼女は胎児の姿勢で、胸に膝をぴったりと強制的に押しつけられていた。彼女は木箱から出されたが、医療的介入がすぐに必要なことは明らかだった。幼い子どもの頃に縛り付けられた腰のロープは、緩められたり、外されたことがなく、腰周りにかなり深い、化膿した傷があり、そこには数百匹のウジが這っていた。

ＬＷＣの獣医師がヤビエンに麻酔をかけ、ロープを取り除き、この小さな類人猿に栄養不良と脱水症のための集中治療を施した。ロープの大きさと肉への食い込みの度合いからみて、ヤビエンは生後約六か月で密猟者に捕らえられたようだった。捕らえられてから、森林野生動物省当局による救出、さらにはカメルーン政府によるLWCへの搬送までの二年半の間、ヤビエンに起きた出来事を知ることはおそらくできないだろう。

LWCでは、ヤビエンは身体的健康上の理由から他のチンパンジーと隔離される必要があった。しかし、最も治りにくい傷は心の中にあった。ヤビエンは数週間、その心的外傷の強さゆえ、ドライスやサンクチュアリの他のスタッフに反応を示そうとはしなかった。あるいはできなかったのかもしれない。しばしば彼女は飲食をせず、ただ前後に体をゆすってうつろな表情で空(くう)を見つめていた。『死を悼む動物たち』の中で私がふれた、死によって親しいものに先立たれた動物たちと同様、ヤビエンは母親(そしておそらくその他の家族たち)との離別を悲しんでいたのだ。しかし、心配し世話をする対象の年下の存在に出会うと悲哀から脱していくことが知られている(イヌ、サル、人間を含む)その他の多数の動物のように、ヤビエンは、数か月前にLWCにやってきた生後六か月のチンパンジーのロロを紹介されると、目に見えて健康を回復した。隔離中に継続されたLWCスタッフの穏やかな介護、そしてロロという新しい存在の登場が重なったことで大きな変化が起き、ドライスの発言によれば「ヤビエンの個性が現れはじめた。彼女は非常に我慢強く友好的で、自分のように見える存在『ロロ』を見ることを好んだ」。

やがてヤビエンはサンクチュアリの保育グループに加わり、そこで活動的で陽気な若者へと成長した。ヤビエンの変化は顕著なもので、今や彼女はサンクチュアリにおける希望の象徴なのだ。ドライスは私に次のように語った。「日中はヤビエンのすごく大きな笑い声が常に聞こえてきて(ときには毛繕いをする静かな時間も楽しんでいる!)、夜になって屋内に入ると、しばしば遊ぶことに忙しすぎて夕食を食べる時間がなくなるほどだ」。

チンパンジーのバゾウの生き様もヤビエンと似ている。バゾウもロープと鎖でつながれ、他のチンパンジーから隔絶され、ペットとして飼育されていて、彼も栄養不良と脱水症の状態でＬＷＣにやって来た。しかしヤビエンとは異なり、バゾウは二〇〇九年にＬＷＣに来たときには十六歳の大人で、肉体的には十分に成熟していたが、チンパンジーとして適切に行動するための知識が備わっていなかった。四年間、バゾウの叫び声と体をゆする行動に他のチンパンジーたちはうんざりしたのだが、その中のマークとヤコブの二頭だけはそれを容認した。当時、バゾウには日光を浴びるために外に出るという選択もできたが、屋内から出ることはなかった。

そしてとうとう二〇一三年、ＬＷＣのチームはバゾウを何とかなだめて新しい家族の中に入れることを決断した。そこには三十六頭ものチンパンジーがいたので、それは簡単な仕事ではなかった。まず、バゾウは群れの優位の雄、ＴＫＣに紹介された。ただし、特に見知らぬ雄がいると暴力に訴えてしまうという雄チンパンジーの傾向を考えると、リスクなしで踏める段階ではない。幸いにも、ＴＫＣはバゾウを守る姿勢を取り、その他の優位な立場の雄たちも彼のやり方に従った。そこで発生した問題とは大人のチンパンジーのものではなく、ドライスが愛情を込めて「乱暴者の子ども」と呼んだ雄たちのもので、彼らはどこまでやれるか大人たちの我慢の限界を試してバゾウに軽い傷を負わせた。しかし全体的にはこの段階は非常にうまく推移し、バゾウの不器用さを考えると予期していた以上のものとなった。

ヤビエンと子どものロロに起きたように、仲間との交際によってバゾウの個性が開花した。ドライスが私に語ったように、「二十年間も屋外に出なかったあと、バゾウはとうとう草原に足を踏み入れることができ、日光浴をし、施設の中で自由を満喫した。その様子を見ていたＬＷＣの人々の目には涙があふれ

ブッシュミート取引から救われ、今は多くのチンパンジーとともにカメルーン南西部のリンベ野生動物センター（LWC）で暮らしているヤビエン（写真提供：LWC、ジェニファー・ドライス）。

た。バゾウが叫ぶと群れ全体が慰め、かわるがわる多くの雄のハグを受けた」。そのとき以来ずっと、バゾウの姿勢は明らかに積極的な方向へ転換していった。彼は今では年下のチンパンジーたちとの遊びを満喫し、年上のチンパンジーとは毛繕いをしている。

バゾウとヤビエンはチンパンジーが多数いるＬＷＣのたった二頭のチンパンジーにすぎず、ＬＷＣもたった一つのサンクチュアリにすぎない。私が知りうる最新の統計では、十二のアフリカ諸国にある十三のサンクチュアリには八百頭を超えるチンパンジーが暮らしていて、そのうちの多くがＬＷＣのように、ブッシュミート取引（加えて風変わりなペット取引）によって孤児にされたものたちだ。ジェーン・グドール研究所によって運営されているコンゴ共和国のチンプンガ・チンパンジー・リハビリテーションセンターはアフリカ最大のもので、百五十頭以上の孤児のチンパンジーの世話が行われている。これらの数には気が遠くなるが、それは特に飼育状態のチンパンジーは六十代まで生きることがありうるからで、ヤビエンのように捨てられた子どもの世話を引き受けることは、複雑で常に変化するチンパンジーの群れの社会動態を切り抜けていこうとする、強い意志を持つ大人の類人猿の世話を引き受けるということでもあるからだ。

アメリカ、カナダ、ヨーロッパでは、サンクチュアリで暮らしているチンパンジーのほとんどが、生物医学研究所、サーカス、道路沿いの小規模動物園、映画産業から逃れてきたものなどだ。彼らの生活履歴は特にブッシュミート取引と関連性はないものの、苦痛に満ちたものでもありうるのだ。カナダにある唯一のチンパンジーのサンクチュアリ、グロリア・グロウ動物財団に最終的に行きついたチンパンジーのトムに関して初めて読んで以来、私はずっと彼のことが忘れられない。ともに悪名高い生物医学研究所、ニューヨーク大学の実験医学および外科学研究室に十五年間、さらにそれ以前には十六年間ニューメキシコのアラモゴード霊長類研究施設に閉じ込められ、トムはいかなる個体も耐えることができない状況を耐え抜いた。『サンクチュアリのチンパンジー』（*The Chimps of Fauna Sanctuary*）の中で、アンドリュー・ウェストールはサンクチュアリに行きつく前のトムの生活を次のように要約している。

三十年以上もの間、彼は繰り返し悪性のＨＩＶに感染し、数多くのＢ型肝炎の研究実験を受け、少なくとも六十三回の肝臓、骨髄、リンパ節の生体組織検査を切り抜けた。グロリアの推定では、彼は少なくとも三百六十九回無意識状態にされたが、この回数は不完全な医療記録に基づくものであり、確実に過小評価されたものだ。

胸を刺すようなトムの心的外傷は彼自身の苦痛だけではなく、同じような窮状にある仲間の苦痛に対する感情移入にも根ざすものだ。毎年自分がひどい仕打ちを受けながらも、彼は他のチンパンジーたちが同じような経験を繰り返すのを見ていた。麻酔銃を撃たれ、鳴き叫び、檻の床に倒れ込むと、侵襲的処置のために運ばれるのだが、その過程の一部はトムの視界で行われ、一部は手術室で行われた。グロリア・グロウは、これらの絶え間ない外傷行為の目撃者となったことで、トムがさらなる痛手を受けたと信じている。心の理論を有するチンパンジーの能力を考えると、私にはこの信念を疑う理由が見当たらない。

トムがようやくケベックの放牧場にある動物財団で安全が確保できた矢先、彼は別の雄とのけんかで足にけがを負った。処方された抗生物質で彼は重度の下痢を起こし、別の治療計画が必要になった。チンパンジーの推論能力を知っているグロウは、トムが最も信頼する人間の友人であり、サンクチュアリが建設されていた土地の所有者だったパット・リングという名の男性とともに、自身の傷の手当てにトム自らが参加するように要求した（私はおそらく英語とジェスチャーを組み合わせて依頼したのだろうと想像している）。するとトムはこれに応じ、自分の足を水に浸したあとに前に押し出し、スタッフが傷口の水気をとって抗生物質の軟膏を塗ることができるようにした。そこから事態がさらに興味深い方向に展開した。サンクチュアリのスタッフはトムのために必要な備品を入れたトレーを用意した。すなわち、軟膏の入った小さなカップ、へら、ペーパータオル、ティッシュペーパーだ。するとトムは、自身の傷の手当てを引き継いだのだ。そのあと、トムの隣にいたチンパンジーのレギスがひどい咬傷を負ってしまった。最初はグロウがレギスの治療にあたっていたが、レギスの体力が回復すると、その治療法はグロウにとって安全なものではなくなってしまった。そこでグロウは、治療用の資材をすべてカートに置いてトムに託すと、トムが一週間レギスの傷を消毒して治療したのだ。

トムがこのようなことをすべて実行したのは信じられない話かもしれないが、私にはもっともなものだと感じられるし、フィールド調査にあたる霊長類学者たちがチンパンジーの認知力に関して得た知識ともかみ合うものだ。タイ国立公園でサルを獲る熟練ハンター、かつティナの弟ターザンの擁護者であるブルータスがトムの立場だったなら、おそらく同様の行動をとっていたであろう姿が私には容易に思い描ける。生物医学研究所におけるトムのつらい生活を悲しく思いながらも、彼が元気づけられて自分を取り戻し、自己の個性を表明し、動物財団のサンクチュアリで愛するものたちに囲まれて死んだことを知ると少し救われる思いがする。

心的外傷となるような経験をしたあとにサンクチュアリに送られてきたチンパンジーの記録の中で、思い起こされる一つのテーマは彼らの許すことができる能力だ。この点では、合理的な擬人観と空想に走りすぎる観点を注意深く区別することが必要だ。チンパンジーの救護者による報告の中には、信じられないような力が類人猿に備わっているとした、神秘的な様相を帯びたものもある（同様なことがイルカ、クジラ、ゾウでも起きている）。アメリカ手話（ＡＳＬ）を使い人間とコミュニケーションを図るとして有名なチンパンジーのワショーが、「人間の言語を習得した最初の人間以外の動物」として出版物などで言及された回数を私は把握しきれていない。しかし善意であっても、このような説明は見当違いだ。ＡＳＬの話者は過去や未来が難解に入り組んだ話をし、詩を朗読し、感動を覚えるほど複雑な方法で言語を使うのであり、チンパンジーはドイツ語や北京官話を習得できないのと同じように、ＡＳＬを「習得」できないはずだ。しかしこの事実をもってしても、ワショーの相当高度なコミュニケーション能力が減じられるものではなく、私は彼のこの力を賞賛し、褒めたたえたいのだ（二〇〇七年にワショーが亡くなったとき、私の専門分野の主要な専門誌「アンスロポロジー・ニュース」から追悼記事を依頼され、私は喜んで応じた)。

もし誰かが、私たち人間に可能なように、チンパンジーが概念として「許しの気持ち」を理解し行使するのだと主張するとしたら、私は懐疑的な立場をとるだろう。しかし、サンクチュアリで過ごすことで心的外傷がある程度回復した状態のチンパンジーが安全だと感じているときに、特定の人間に対し、輝くような、あるいは静かな尊厳ある個性を表明することは確実に明らかなことだ。すべてではないにしても、多くの個体は、人間によって苦しめられたにもかかわらず、一部の人と関係を築く能力も意欲もあるようだ。おそらくチンパンジーは、トムが生物医学研究員とパット・リングやグロリア・グロウを識別したように、目に見える親切や共感の度合いにより、個々の人間を識別することに秀でている。それは、彼らの野生生活における離合集散的な社会構造が、彼らに個々のチンパンジーを区別することを求めているからだろう。

しかし、人間の行為による傷があまりにも大きい場合、サンクチュアリでどんなに高度な技術に裏付けられた愛情豊かな世話を受けたとしても、すべてのチンパンジーが情緒的に回復するわけではないことに言及しておく必要がある。しかし、少なくともこれらのチンパンジーでさえ、持続的なストレスのある虐待から救われ、平穏に過ごす機会が与えられるのだ。彼らはもはやサーカスや映画の中で演じることを強制されることはなく、身体を生物医学的検査によって侵害されることも、たった一度の食事のために消費されることもないのだ。

国際的に言えば、私たちのほとんどはチンパンジーを食べない。その理由は、私たちの多くがチンパンジーの生息地から遠く離れて住んでいるからだけではない。仮に経験豊かな肉食主義者がアフリカの野外市場で食料品を買う機会があったり、珍しい肉が入手できる世界的大都市のレストランに行くことがあったとしても、私はその多くがチンパンジーの肉を買ったり食べたりすることを拒むと思う。しかし、それら消費者の多くは、本書の各章ですでに考察した動物たち、魚、タコ、ニワトリ、ヤギ、ブタ、ウシ、そしておそらく昆虫も特に考えることもなく食べることだろう。

私たち人間が食べ物としてチンパンジーを消費する場合は、思考し、感情を有し、社会的ネットワークに組み込まれている間でさえ自らの個性を表明する個体を消費する行為を選択していることになる。このようなことは、私たちには最も近縁な関係にある動物に対しては直感的に知覚できる。なぜなら、私たちは彼らの有する高い認知力、深い感情、社会における多様な生き様という特質を容易に理解できるからだ。しかし、私の主張はチンパンジーで終わるわけではない。私たちがその他の動物に対しても共感を抱く世界に向かう中、私たちの視線は私たちに最も近い霊長類に留まらず、その他の哺乳類、鳥、魚、無脊椎動物にも向けられなくてはならない。それができて初めて、私たちは誰を食べているのかが分かるのだろう。

おわりに

私たちが動物から受けている恩恵に関して現在行われている議論の多く、
あるいはそのほとんどが、個々の動物の生活ぶりや
私たちが彼らと築いているかなり異質な類の関係が持つ個別性に
目を向けることはまずない。

――ロリ・グルエン『絡み合った共感』
(*Entangled Empathy*)

二人の人間の友人と一緒に生活する脅威のブタのエスター、老人ホームの入居者に感動をもたらしたことがその名前のもととなったニワトリのミスター・ヘンリー・ジョイ、そして卵を世話する姿がピュージェット湾のダイバーたちを喜ばせたミズダコのオリーブは、人間の生活と密接に絡み合った生き様が本書で紹介された三種の動物だ。だが、密猟者によってパーティのごちそうになるために射殺された、森に

住むチンパンジーのブサールの関わり方は彼らとは別だ。また、狩りの仲間に合図を送って隠れた獲物の居場所を教える海のハタ、そして農場で匿名の生活を強いられているヤギ、ウシ、ブタ、ニワトリなどは、その他の動物と同様、私たちの生活にはそれほど直接的には関わらないと考えられる。しかしここで重要なことは、私たちには彼らの主体的感覚性に気づき、知性を駆使してそれを認識し、彼らのために行動を起こす義務があるということだ。

このように見てくると二つの疑問が生じる。まず、以上にあげた動物から私はなぜ昆虫を除外したのだろうか。私は、タコや魚のような動物は苦痛を感じる主体的感覚性がなく、ましてや思考したり感情を持つといったことはありえないのだという過去の誤った主張を繰り返したくはないのだが、科学的に示された証拠を私なりに解釈すると、昆虫とここで考察するその他の動物との間には、知性や主体的感覚性において質的に大きな隔たりがあると思われるからだ。さらに世界の人々の空腹を満たすうえでタンパク質の必要度は高く、昆虫は植物性食品を補うものとして、経済的な意味を成し、動物の苦しみの全体量を改善するかたちでそれらのニーズを満たす可能性がある。しかし、発生しうる昆虫に対する虐待は、回避すべきであることは言うまでもない。したがって、そのための「さらなる研究」が必要であるばかりでなく、まずは昆虫たちに有利な解釈をし、彼らを人道的に扱おうという先験的な意欲が私たちには必要であろう。

次に、私たちは動物への慎重な配慮が必要であると言う際の「私たち」とは誰のことを指しているのだろう。本書の各章を通してそれとなく私も盛り込んだはずなのだが、リサ・ケメラーがその答えを提示している。ケメラーは「様々な食品が入手でき、食卓に上げたい食べ物を選択できる人々」のために、『地球を食べる—環境倫理と食事選択』(*Eating Earth: Environmental Ethics and Dietary Choice*)を著した。

彼女は狙いを定めた正確さで、その判断力を発揮し、力強く次のように宣言している。「本書は食べる物をほとんど、またはまったく選択することができない人たちに対する批判を意図したものではない」。また、その一方でケメラーは、食べる物を選択できるという贅沢を享受しているすべての人々には、挑発的な道徳的領域に踏み込み、完全菜食主義の食事を勧めるべきであるとしている。ケメラーは「環境保護論者だけでなく、人間のあり方、すなわち健康や世界の貧困に関心を持つ人、あるいはブタ、魚、キジの苦痛を気にかけたり、世界の偉大な宗教を信仰している人なら、完全菜食主義者の食事を選択すべきだ」と述べている。

私は現段階では、部分的にしかケメラーの目指す道を進めていない。植物を基本にした食事を実践することによる地球的利点を約言したＡＭＯＲＥという頭文字に託した彼女の祈りは、動物の苦痛、私たち自身の医療上の健康、抑圧された人々の福祉、世界の宗教が支持する価値（もちろん信心深い人々に限られているわけではない）、さらに私たちの環境への懸念を指し示していて、それらに対する私たちの記憶を見事に促してくれる。しかし、完全菜食主義者だけではなく、植物性食品を基本とした食事への一歩を踏み出しはじめたすべての人々は、激励と称賛に値すると私は固く信じている。ＡＭＯＲＥで提示された主要な目標に向かって前進するには、皆の総意と力が必要なのであり、排除ではなく包含の態度こそが牽引力を発揮するのだ。

したがって、私は肉食廃止論者ではなく肉食減少主義者ということになる。完全菜食主義活動家のヒラリー・レティグは二〇一五年、「妥協は共犯ではない」と題する評論の中で、完全菜食主義運動を奴隷制度に反対するかつての社会正義運動などに結びつけ、完全菜食主義への生半可な参加を拒否する人たちを廃止論者として描写している。レティグは、すべての肉、魚、乳製品、卵、その他すべての動物由来食品に対する徹底的な排除を尊重するという明確な立場を示しているが、私たちの食の仕組みの現実を深く認識してからは、それらの食品の消費を大幅に減らすことを目指した運動を支持している。

レティグは「完全菜食主義に向けての障壁は高い。これには私たちの文化や経済における動物に対する搾取の広がり、あるいは資本主義システムとしての畜産業の持つしなやかな復元力や、私たちの生活で食が果たしている主要で緊密な役割も関係している」と著述している。しかしこれらの要因は、食品として搾取される動物のために活動する努力をくじくものではなく、むしろ妥協こそが社会変革の基本であるというレティグの歴史分析に基づく結論を支えるものだと私は考える。レティグは肉食減少主義によって、どれほどの変革が実現するのかについてかなり鮮明に説明している。彼女の試算によれば、アメリカの住民の一人ひとりが週に一回肉食を減らせば、毎年四億五千万頭のウシやその他の動物が救われるとのことだ（私の考えでは彼女の言う「救われる」が意味するところとは、需要と供給の関係により家畜の繁殖数が減少することで、彼らがただ苦痛を経験するだけのために誕生してこないで済むということだろう）。

私は、動物の苦痛に対処するには、肉の摂取量を週に一回減らすという目標だけで十分だと示唆しているわけではない。事実そうではないのだ。私たちの多くはそれ以上のことができるはずだ。完全菜食主義運動とは、肉のみならず卵や乳製品を食べることを選択することが、家畜たちを短く悲惨な生活に追いやることの加担につながることに気づかせてくれる警鐘なのだ。また、肉食減少主義への取り組みによって、私たちは肉以外の食品も考慮に入れることができるようになる。しかし、私が一部の完全菜食主義者から聞く「あなたは完全菜食主義者になるか、動物の敵になるか、そこに妥協点はないのだ」という呪文のようなマントラは、失望を招くだけでなく、誤りでもある。動物を助けるためには多くの方法が存在し、肉食減少主義という食の取り組みもその一つなのだ。

食生活を送る私たちは皆、朝昼晩の食卓で、互いの思いに耳を傾ける術を見出さなくてはならない。この目標は些細なものに思えるかもしれないが、そうではない。私はこれまで食品産業という枠組みの中で苦しんでいるブタ、ウシ、ニワトリについての記事をブログに投稿してきたが、その記事に対して「今夜のバーベキューが待ち遠しい！」といった上機嫌であざ笑うようなレスポンスがコメント欄にあふれた回数は数えきれない。ただし、オンライン上でのやり取りは、相互に視線を交わして歩み寄れる一対一の直接的な対話とは異なる。個人同士の直接的な出会いでは、ほとんどの人間は十分に社会化された霊長類であるがゆえに、多くの場合、紋切り型あるいは即答的応答などを抑制する傾向があるのだ。繰り返すが、私は理想主義者などではない。私は、動物たちの生活の改善を図り、可能な限り苦痛や恐怖心がない死を迎えられるように懸命に努力している小規模な農場経営者たちのことを、完全菜食主義者たちが厳しく非難し、ときには脅迫するのを耳にしてきた。あるいは、肉を食べる人たちが、完全菜食主義者たちの核心にある実質的な倫理原則に嘲りの言葉を浴びせるのを聞いてきた。双方における怨恨は見るに堪えないものだ。しかしまた同時に、私はときには辛辣になることもあるが、動物の生命に対する一般的な懸念に関して理性的で的が絞られた対話が行われるのを耳にしてきたし、自らも参加してきた。

しかし、うんざりだとばかりに思わず目をむきたくなるような不信の瞬間が起きることも避けられないものだ。二〇一五年、ニューヨーク・タイムズ紙の記事「屠殺されたばかりの私の夕食に祝福あれ」にケート・マーフィーと哲学者で宗教学者のジョン・サメッツキの対談が掲載されたが、その中でサメッツキは自分がロブスターを食べるのは、その意識が哺乳動物ほど高度なものではないからだと語った。さらに、彼は「そのおいしさから、私はロブスターまでは食べることを許容するのだ」と付け加えている。私は正直に認めるが、哲学と宗教学に人生を捧げた人物が信奉してきた倫理体系が動物の体の味の良さを中核とするものであったという証拠をこの件で知り、皮肉的な気持ちを抑えるのに苦慮したほどだ。しかし、ここは感情に流されず公正な判断をしよう。結局、食べる物に対するサメッキの正直な態度は、多くの人たちの現実を反映したものではないだろうか。何百万、いや何十億もの人々は、たんに動物はおいしいものだと思ってはいないだろうか。

人々は確かに動物のことをおいしいと言うが、それは完全に主観的な事柄だ（現時点では、私がチキンポットパイを渇望する気持ちを失うことがないことも明らかで、少なくとも今のところ鶏肉の代用品では満足できないのだ）。しかし、ここで登場する発言のすべてが主観的だというわけではない。マーフィーはタイムズ紙の記事の結語として「私たちはすべて、個人的な感覚、欲求、経験を駆使して食の精神を形成する自由がある」と述べ、さらに「動物が私たちと同じように感情を経験しているという決定的な科学的証拠はない」と付け加えている。しかし、ここで彼女は問題の渦中にはまり込んでしまっている。なぜなら少なくとも「私たちと同じように」という言葉において彼女の主張は間違っているし、その表現は論点をそらしてしまうものだからだ。

本書でこれまでに出会ってきた動物たちは、いろいろ程度の違いはあるが、日々を自分の方法で考えて生き抜き、彼らが自ら実現させることや、周囲で起こることに関して様々な感情を経験していることを明確に示している。「私たちと同じように」というくだりはその点をまったく見過ごしているのだ。結局のところ苦痛は苦痛である。種の感覚器官は一つひとつ（私たちとも）異なるものであり、例えば魚には哺乳類のような大脳新皮質がなくても、現在では確立しつつある総意として明らかなように、魚に苦痛を感じる能力があるという事実は少しも変わるわけではない。いかなる動物も私たちのような主体的感覚性を持つ必要はない。動物は私たちのような賢さを持つ必要もなく、あるいは明確かつときには鮮明な個性を表す私たちのような情緒を感じる必要もない。

本書の最後に紹介した動物、すなわちチンパンジーを調理して食べるべきかどうかについて、私たちが日常生活でその決断に迫られることはまずない。しかし私たちは、世界の多くの地域で食料とみなされているニワトリ、ブタ、ウシ、その他の動物たちを食べるべきかどうかという決断には日々直面しているのだ。文化横断的なレンズを当ててみれば、私はそれらの日常的な決定と夕食に霊長類動物あるいはイヌを準備するかどうかの決定との間に質的な違いはさほどないと考えるに至った。

私たちが愛するイヌをここに含めることで、論点がぼやけてしまうことはない。アジアの多数の地域において、膨大な数のイヌが生きたまま釜茹でにされたり、食用動物として感電死されているからだ。動物保護団体の報告によると、韓国では肉料理や人気スープにするため毎年約二百五十万頭のイヌが屠殺されているとのことだ（同国では十万頭のネコも毎年同じ運命をたどり、スープや強壮剤にされたりしている）。ヒューメイン・ソサイエティー・インターナショナルは、韓国で「捨てられた、または望まれていない」イヌは食用犬農場に閉じ込められる危険があることに注視している。しかし韓国はそのほんの一例にすぎず、それはアメリカが毎年数十億羽のニワトリが閉じ込められて屠殺される場所の一例であるのと同じことだ。中国の陝西省楡林市では、毎年恒例の犬肉祭が夏至の新聞の見出しを飾るのだが、この十日間の祭りの間に少なくとも一万頭のイヌが消費されている。

イヌは高度な順応性によって問題を解決する動物であり、その個性は個体ごとに異なり、喜びと悲しみを表現する。私たちがこれらのことを知っているのは、イヌと生活をともにし、かわいがっているからだ。イヌの認知能力についての研究も盛んで、人気分野であり、独創的な実験を通して様々な知見が得られつつある。動物行動学においてこの分野が大きく花開いたのは二〇〇二年で、現在はデューク大学犬類認知センターに所属しているブライアン・ヘアと同僚たちが、チンパンジーとイヌの社会的認知を直接比較した結果をサイエンス誌に発表したことがきっかけだ。双方の種が指差し合図、擬視、エサの入った容器に付けられた印などを含む人間側からの「顕著な」コミュニケーションの指示に従い、隠されたエサを見つけられるかどうかを調査した一連の巧妙な実験の中で、イヌはチンパンジーを凌いだ。この偉業は、チンパンジーの鋭い知覚力に関する私たちの知識に鑑みれば、かなり驚くべきことであり、他方では、それは家畜化を通し隣り合って共生することの持つ力を強く証明するものだ。ヘアと同僚たちは、成熟したイヌとチンパンジーに加え、苦労をいとわず、オオカミと幼少のイヌでも同じ実験を行った。すると、オオカミは人間の指示を解読する能力がイヌには及ばず、幼少のイヌはかなりの好成績を残した。言い換えれば、イヌが私たちの心を「読む」ことに長けているのは、イヌ科動物全般に備わる能力とは言えず、イヌたちが人間に長期的に接触したことで得られたものでもないのだ。

二〇一五年、ヘアとの共同執筆でサイエンス誌に投稿したエバン・L・マクリーンは、イヌと霊長類動物の認知能力と認知行動におけるこの「収斂進化の著しい事例」をあらためて指摘している。彼らが強調していることは、少なくとも一万年もの間の家畜化により、イヌと人間は互いに分かり合えるようになり、イヌは私たちのジェスチャーや目の動きをしっかりと理解しているということだ。マクリーンとヘアは次のように結論付けている。

> 信じられないことに、イヌが社会情報に注意を払うことは、巧みな問題解決だけでなく、人間の子どもたちが犯すような社会的に媒介された誤りにもつながる。例えば、イヌと人間の子どもがともに意思伝達を意図していない場合のアイコンタクトでも、意図したものと解釈してしまう可能性が高い。この

ように、イヌは私たち人間が持つ特徴と同様の認知における柔軟性や偏見を多く示す。

イヌの思考および意思伝達の方法を研究したいという私たちに広く浸透した旺盛な意欲の表れだろうか、これらのテーマに関する書籍や論文は今や洪水のように次々と発表されている。それらはイヌの近くで育ち、イヌと接してきた私たちの多くの経験に確かに基づくものだ。『イヌに「こころ」はあるのか――遺伝と認知の行動学』(*How Dogs Work*)でレイモンド・コッピンジャーとマーク・ファインスタインが書いているように、「すべてのハンター、犬ぞりレーサー、羊飼い、ドッグトレーナーは寸分違わない手による合図を送る」。言い換えれば、私たちは実験で示されることはすでに経験から分かっているのだが、その実験は少しひねりが加わったものだったのだ。

皮肉なことに、それが本書のテーマに最も重なる、私たちのイヌに対する理解への特別な難題になりうる。コッピンジャーとファインスタインによれば、ヘアの研究、したがってその結論は、家族が飼育していたイヌのファイドとスポットに基づくものだったのだ。しかも彼が比較したのは、家庭で思う存分自由に動き回れ、なじみの人たちや食べ物にも囲まれた一つの種(イヌ)と、囚われの身で実験に参加するためにガラスの囲いの穴から手を伸ばすもう一つの種(チンパンジー)だったのだ。人間の近くで育てられることのなかったシェルター犬は人間からの指示情報を認識できないが、人間の手で育てられたオオカミは認識できることを示した、モニク・ウデル、ニコル・コーリー、クライブ・ウィンによる重要な論文などを含む文献を検討した結果、コッピンジャーとファイスタインは、イヌとその他の種間における社会的な認知力比較に関する「よくある主張」には慎重であるべきとの立場をとっている。

比較によるこのような論議は魅力的ではあるが、私が自ら見届けたうえで強調したいことであり、読者に忘れてもらいたくないことはただ一つ、すなわちイヌは世界の一部の地域では立派な食材であり、その一方で「彼らが誰であり、私たちにとってどのような存在なのか」という私たち自身の視点によって、人間の消費から保護されている存在だということだ。私たちがイヌに対してこれまで行ってきたように、あるいはこれからも行っていくように、本書で紹介してきたほとんどすべての動物たちと私たちがしっかりとした相互関係の中で共生すれば、彼らは私たちにとって賢く、主体的感覚性豊かな存在として躍動するだろう。これこそ、ニワトリのミスター・ヘンリー・ジョイ、驚異のブタのエスター、あの遊び心のある魚たちが思い起こされる場面だ。

私は、私たちがイヌと同じように魚になじめるとは思っていない。野生動物をペットにするべきではないし、タコを飼いならすための努力が不要なことも分かっている。それよりも私が確認したいのは、食す対象の決定の際には、食べるべき動物か否かに気づき、それらに関する新たな科学上のニュースを評価できる心の訓練ができていることを私たち自身が忘れないでおくことが極めて重要であるということだ。欧米人は、イヌやチンパンジーは賢く、ニワトリ、ウシ、ヤギ、ブタ、タコ、魚は愚かであると単純に考えたいのだ。

では、私たちの理解が変化し、いわゆる食品となるこれらの動物たちも思考し、感情を有し、個性を表明するということを認識すれば、食行動のパターンも変化するのだろうか。その認識の「前後の変化を正確に比較した」資料を私は持ち合わせていないが、スティーブ・ロフナン、ブロック・バスティアン、ニック・ハスラムによる二〇一四年のレビュー論文によれば、動物の知性に対する私たちの見解は食材の決定に重要な役割を果たしているとのことだ。二〇一二年のある研究では、食べられると認識されている三十二に及ぶ動物由来食品とそれらの動物が持つと理解されている知性には強い負の相関が見出された。

また、食べられる動物は、それゆえに知性が劣るとみなされるかどうかを見出そうとした別の研究もある。アメリカ人の研究参加者たちは、キノボリカンガルーがパプアニューギニアに生息していることだけを知らされたときよりも、そこで食料として消費されていると言われたときのほうが、それらの動物の苦痛を感じる程度が下がり、道徳的な考慮に値しないという判断が高まった。動物（少なくとも一部の動物）の知性に対する人々の認識を変えるには、それらに食料というレッテルを貼ればそれで十分なのだ。

ロフナンと同僚たちが下した結論とは、「動物は知性が貧弱であり、苦痛を感じる能力が低いと理解することは、肉食の背理を解き明かす強力な手段」であり、すなわち、動物への害を気にかけていると発言するほとんどの人も依然として肉を食べているというパラドックスだ。エリン・マッケナは二〇一五年に発表したエッセー「霊長類を食し、ウシを食す」の中で、この結論に関連する重要な皮肉を指摘している。マッケナが言うには、私たちが食料とするためにチンパンジーを飼育し、屠殺しないのは、霊長類が複雑な社会的関係を築く知的な存在であることを知っているからなのだ。しかし、私たちがウシを家畜化の対象の有力候補とした、まさにその特徴を見れば、ウシに知性が存在し、彼らにとって社会性が重要なものであるという考えに至るはずだ。しかし、私たちはそのように考えないのだ。すでに私が述べてきた数々の研究、あるいはブタのエスターとの交流により豚肉やベーコンを食べないと誓った人たちがいたという逸話から収集できるものを考えると、ウシの知性の高さについて学び、考察することにオープンな姿勢の人たちなら、ウシやその二次食品をまったく食べない、もしくは食べる量を減らすことを選ぶだろうと考えることは理にかなっている。私たちの雑食性が、この惑星での私たちの進化において中心的な役割を果たしてきたことに疑いの余地はない。まずは死肉を漁り、その後の狩猟による肉食行為で私たちの祖先の血統において大きな頭脳の発達に拍車がかかったのだろう。しかし、私たちホモサピエンスは今日、他の動物の捕食者になるという進化に縛られているわけではない。『人類はなぜ肉食をやめられないのか—二五〇万年の愛と妄想のはてに』（*Meathooked: The History and Science of Our 2.5- Million- Year- Obsession with Meat*）の中でマルタ・ザラスカが示したように、菜食もしくはほぼ菜食にすることで、私たちは強固な健康を維持するための栄養素を得ることができるのだ。ただ一つだけ例外があり、つまりそれは肉、乳製品、卵にのみ含まれるビタミン12である（しかし現在では、家庭で用いる栄養補助食品からこれさえも簡単に摂取できる）。進化学は、肉食が人間の進化の軌跡を刺激したことを説明しており、それは明白な事実だ。しかし、それは私たちの未来をも決定づける事実ではない。

強いて言えば、人間以外の主体的感覚性を有す動物たちに対する新たな理解やより深い共感を持って独自に世界を見ることができうることも、この高度に発達した私たちの頭脳によって可能になりうることだ。すべての動物たちがいかに自然に即して生きられるか、さらに私たちが彼らを食用動物としたならば、彼らの生き様と死に様にどのような影響を強いることになるのか、私たちが食べる対象を決める際には、慎重に考慮すべき問題なのだ。

謝辞

動物に対する研究や視点に関する議論に加わり、意見を書き送っていただいた、ロバート・ネイザン・アレン、ジョナサン・ボールカム、ジャーコモ・バーナーディ、ジーン・ボール、スージー・コストン、キャサリン・ハーモン・カレッジ、ケイティ・コックス、エバン・カルバートソン、ジェン・ドライス、ベス・ファーチャウ、ロレイン・レヴァンドフスキー、アビー・アリソン・マクレイン、スーザン・ライカート、カール・サフィーナ、ポール・シャピロ、サニー・シャッカー、アリシア・トムリンソン、ブラッド・ワイス、ジュディ・ウッズに感謝したい。

また、素晴らしい写真を提供いただいたジェン・ドライス、チャールズ・ホッグ、ノーマン・ファッシング、ティアン・ストロンベック、エズラ・ワイスにも感謝の意を表したい。

私の動物に対する見方を永久に変える対話ができた、アルカ・チャンドナ、ジェン・ドライス、ブルース・フリードリッヒ、ジャスティン・グッドマン、チャールズ・ホッグ、ロリ・マリノ、ジョアン・タナーに感謝したい。そしてサンクチュアリでたゆまぬ努力を続ける人たち、救護団体や動物活動家団体に属し、あるいはその他の方法で愛情を込めて動物の世話にあたっている人たちに惜しみない敬意を表したい。

さらには、動物の調査現場に同行していただいた、チャールズ・ホッグ、サラ・エリザベス・ホッグ、チャールズ・アーネスト、ジョアン・タナー、スティーブン・ウッドには謝意と素晴らしい思い出を捧げたい。

サイエンティフィック・アメリカン誌のマイケル・レモニックは絶妙のタイミングで私にカギとなる質問を投げかけてくれた。

重要な事項が生じた際に「ノー」、またさらに重要な事項の場合には「イエス」などの助言をいただいた、深い思いやりと著作権代理人としての眼識の鋭さを兼備するジル・ニーリムに感謝の気持ちを伝えたい。

温かいやさしさとユーモア、出版業務における卓越した能力を兼ね備えるシカゴ大学出版局のクリスティ・ヘンリーならびにレビ・スタールと親密に仕事ができた幸運に対しては、年を追うごとに感謝の気持ちが増していく。また、同出版局のジュエル・スコアには本書のページごとの内容を大きく改良していただいた。さらには、すべてのやり取りを楽しいものとしてくれたエイミー・クライナクとジーナ・ワダスに謝意を表したい。

困難が続いた数か月の間に本書が完成に至り、さらに出版にこぎつけられた現在にはがんが消えたことに対し、文字通りかつ象徴的な意味で、二〇一三年から二〇一四年に私の命を救ってくれた人々に謝意を表さなければならない。バージニア州グロスターにあるペニンシュラがん研究所の腫瘍学の専門家、ウィリアム・アービン医師、マギ・カリル医師、さらには化学療法・放射線看護師（特にシェリー）やすべての医療技術者たちは最も優秀なスタッフだ。そのがん治療チームには、サリー・ディスピリート、ヘザー・マクドナルド、トニー・ディーツ・ロック、ジニーとスチュアート・シャンカー夫妻、キャロリン・トレイズ、メアリー・フォークト、さらには何かにつけていつもそばにいてくれた、マーシャ・オーティリオ、カレン・フロウ、ロン・フロウ、ダニエル・モレッティ・ラングホルツ、リンダ・マンディ、サラ・ホッグ、ジョアン・タナー、スティーブン・ウッドなど、私のために時間を割いてくれた友人や家族も入っている。また、ずっと私に寄り添って癒しを与えてくれた、最も近い存在の大切なネコ、パイラーとヨナには、どんなときでも会いたいと思い続けるはずだ。

たいへんな労とさりげない愛情で、その日その日をより良いものとしてくれたチャールズ・ホッグに十分に感謝の念を尽くすことはできないが、今後もずっとそうするように心がけていきたい。

チャーリーとサラには、私たちの冒険が続く中、惜しみない感謝を込めた愛を捧げたい！

翻訳者あとがき

本書は、ウィリアム・アンド・メアリー大学名誉教授バーバラ・J・キングによる著書『*Personalities on the Plate: The Lives and Minds of Animals We Eat*』（シカゴ大学出版局、二〇一七年）の全訳である。

自然人類学者であるキングは、前著『*How Animals Grieve*』（邦訳『死を悼む動物たち』秋山勝訳、草思社、二〇一四年）において、「動物は家族や仲間の死を悲しむのだろうか」という疑問をもとに、チンパンジー、イルカ、ゾウ、ヤギ、ネコ、ウサギ、カラスなど、野生あるいは飼育下にある様々な動物たちが「死を悼んでいる」と思われる行動をとった具体例（死んだ子ザルを抱きつづける母ザル、母親の死に気落ちして衰弱死したチンパンジー、仲間の遺骸のうえに木の葉や茂みの枝をかぶせるゾウ、仲間の死によってうつ状態に陥ったウサギ……）を紹介し、大きな話題を呼んだ。キングは、人間にとって理解しやすいように動物たちを擬人化するのではなく、動物の「感情」を客観的に調べることの難しさに言及しつつ、様々な文献や映像資料、実地調査などをもとに科学者としての厳密性を堅持しながら、動物の悲嘆に関する線引きを以下のように定義している。

自分にとってかけがえのない仲間と死に別れた動物が、その直後から目に見えて消沈した様子を示していたり、あるいはふだんとは異なる行動におよんでいたりした場合、生き残った側の動物は悲しみに沈ん

でいる状態にあると言えるだろう。(邦訳書より引用)
「死を悼む行動は人間特有だろうか」という問いに対し、本書を読了した方なら、チンパンジーのような人間に近い霊長類に限らず、多くの動物たちが知性や感情を有して周りの世界を知覚していることに鑑みれば、動物たちが各々の方法で、深い悲しみ、あるいは喜びの気持ちを行動に表すことはとても自然なこととして感じられるだろう。

本書は我々が食べている、あるいは食べるかもしれない動物と人間との関係を考えるにあたり、まずは食品と呼ばれる動物の個性を「見る」ことから始めようと問いかけている。紹介されている主要な動物は、昆虫、タコ、魚、ニワトリ、ヤギ、ウシ、ブタ、チンパンジーであり、最後にはイヌも登場する(我々が一般的に食べ物として認識している動物以外が含まれている理由や目的については、本文を参照していただきたい)。互いの顔を認識するハチ、体色の変化によって社会的なシグナル伝達を行うタコ、仲間に指示を送って共同で狩りを行うハタ、人間の高齢者を癒すニワトリ、仲間との離別に心を痛め、そして再会を喜ぶヤギ、ジャズバンドのセレナーデに耳を澄ませるウシ、人間の子どもが解けない課題をクリアするブタ、子どものレベルに応じた方法で木の実割りの技術を教えるチンパンジーの母親など、紹介されているエピソードはどれも興味深く、動物好きなら楽しく読めるものばかりだ。

しかし、動物たちの内面についてのほほえましい話題に終始するわけではない。本書は、大規模化が進む工場式農場で飼養される動物たちの苦痛、巨大な酪農場が及ぼす環境への悪影響といった、我々の食を支える負の側面も綿密に描写している。さらには、昆虫食の可能性、あるいは貧困などの問題から密猟されるチンパンジーやその他の野生動物の売買の実態に至るまで、文化横断的な視野で人間と動物たちとの関係を考察している。さらに全体を通し、多くの人々にとって、イヌやチンパンジーは食べる対象ではなく、ウシやブタがその対象であるものの、かわいい動物とおいしい動物の境界線は曖昧で、絶対的な安定性はなく、知識や関心の度合いによって大きく揺らぐことを示している。

キングは「肉食を減らすことが最終的かつ必要な目標」だとして、多くの人々が完全菜食主義あるいはそれに近い食生活の方向に進んでいくだろうとの見解を示している。しかし同時に、「完全菜食主義者になるか、動物の敵になるか、そこに妥協点はない」といった二者択一を迫るべきではないとし、食に対する考え方の違いにより対立するのではなく、双方の歩み寄りが最も重要だと強調している。その意味でも本書は、動物の福祉について冷静かつ高度な議論を進めるための格好の資料となるだろう。

国連が二〇一九年に発表したデータによると、世界の総人口は現在の七十七億人から二〇五〇年には九十七億人に達する見込みだという。また、ＷＷＦは全人類がアメリカ合衆国の平均的な市民と同様の生活を送った場合、地球五個分の生産力が必要になると試算している。人間が地球に及ぼす影響は増すばかりだ。そして我々には、人類だけではなく、ともに暮らす生物の命や健やかさに対しても大きな責任があり、その土台は地球環境保全であることは言うまでもない。それには世界的な取り組みが必須であるが、一人ひとりにできることとして、まずは最も身近な「食」について、あらためて真摯に考えることが求められていくのだろう。

最後に、本書の翻訳の機会をいただき、完成に至るまで様々な尽力をいただいた池田俊之氏をはじめ緑書房の皆様に謝意を表したい。本書が多くの読者に届き、心に響くことを願う。生きることとは、食べることなのだから。

二〇二〇年一月　翻訳者

Westoll, Andrew. *The Chimps of Fauna Sanctuary*. Houghton Mifflin Harcourt, 2011.
Tom's empathy for suffering chimpanzees: Fauna Foundation. "Tom, 1965–2009." http://www.faunafoundation.org/chimps/chimps-in-remembrance/tom/

おわりに

Lori Gruen, *Entangled Empathy: An Alternative Ethic for Our Relationships with Animals*. New York: Lantern Books, 2015.
Kemmerer, Lisa. 2015. *Eating Earth: Environmental Ethics and Dietary Choice*. Oxford: Oxford University Press. Quoted material from pp. 3, 142.
Rettig, Hillary. 2015. "Compromise Isn't Complicity." *Vegan Strategist* November 6, 2015. http://veganstrategist.org/2015/11/06/compromise-isnt-complicity-four-reasons-vegan-activists-should-welcome-reducetarianism-and-one-big-reason-reducetarians-should-go-vegan/
Murphy, Kate. "Blessed Be My Freshly Slaughtered Dinner." *New York Times,* September 5, 2015. http://www.nytimes.com/2015/09/06/sunday-review/blessed-be-my-freshly-slaughtered-dinner.html?_r=0
Dogs as meat in South Korea: In Defense of Animals. http://www.idausa.org/campaigns/dogs-cats/dogs-and-cats-of-south-korea/
Humane Society International. "Dog Meat Trade." http://www.hsi.org/issues/dog_meat/
Hare, Brian, Michelle Brown, Christina Williamson, and Michael Tomasello. "The Domestication of Social Cognition in Dogs." *Science* 298 (2002): 1634–36.
MacLean, Evan L., and Brian Hare. "Dogs Hijack the Human Bonding Pathway." *Science* 348 (2015): 280–81. Quoted material, pp. 280, 281.
Coppinger, Raymond, and Mark Feinstein. *How Dogs Work*. Chicago: University of Chicago Press, 2015. Quoted material, p. 207.
Udell, cited in Coppinger and Feinstein: Udell, M. A. R., N. R. Dorey, and C. D. L. Wynne. "Wolves Outperform Dogs in Following Human Social Cues." *Animal Behaviour* 76 (2008): 1767–73.
Loughnan, Steve, Brock Bastian, and Nick Haslam. "The Psychology of Eating Animals." *Current Directions in Psychological Science* 23, no. 2 (2014): 104–8. Quoted material, p. 106.
McKenna, Erin. "Eating Apes, Eating Cows." *Pluralist* 10, no. 2 (2015): 133–49.
Zaraska, Marta. *Meathooked: The History and Science of Our 2.5-Million-Year Obsession with Meat*. New York: Basic Books, 2016.

第8章　チンパンジー

Christophe Boesch on Besar: "Our Cousins in the Forest—or Bushmeat?" In C. Boesch and M. M. Robbins, *The African Apes: Stories and Photos from the Field*. Berkeley: University of California Press, 2011. Quoted material, p. 85.

Sorenson, John. *Ape*. London: Reaktion Books, 2009. Quoted material, p. 128.

Jane Goodall Institute. "Bushmeat Crisis." http://www.janegoodall.ca/chimps-issues-bushmeat-crisis.php

Bi, Sery Gonedele, et al. "Distribution and Conservation Status of Catarrhine Primates in Cote d'Ivoire (West Africa)." *Folia primatologica* 83 (2012): 11–23. Quoted material, p. 12.

Boesch, "Our Cousins?," p. 80.

"Illegal Bushmeat Served Up in Parisian Restaurant." *DW* magazine, February 23, 2011. http://www.dw.de/illegal-bushmeat-served-up-in-parisian-restaurant/a-14870602

Bushmeat in London: Goldhill, Olivia. "Ebola Crisis: Why Is There Bush Meat in the UK?" *Telegraph*, August 2, 2014. http://www.telegraph.co.uk/news/health/news/11006343/Ebola-crisis-why-is-there-bush-meat-in-the-UK.html

Van Schaik, Carel P., Signe Preuschoft, and David P. Watts. "Great Ape Social Systems." In *The Evolution of Thought*, edited by Anne P. Russon and David R. Begun, pp. 190–207. Cambridge: Cambridge University Press, 2004.

Taï nut-cracking data: Boesch, Christophe, and Hedwige Boesch-Achermann. *Chimpanzees of the Taï Forest*. Oxford: Oxford University Press, 2000. Quoted material, pp. 207, 208, 215, 245.

Fongoli spear hunters: Pruetz, Jill D., and Paco Bertolani. "Savanna Chimpanzees, *Pan troglodytes verus*, Hunt with Tools." *Current Biology* 17, no. 5 (2007): 412–17.

Dorothy's three tools: Sanz, Crickette, and David Morgan. 2011. "Discovering Chimpanzee Traditions." In *Among African Apes*, edited by Martha M. Robbins and Christophe Boesch, pp. 88–100. Berkeley: University of California Press, 2011. Quoted material, pp. 97–98.

Habitual use of tool sets: Sanz, Crickette M., and David B. Morgan. "The Social Context of Chimpanzee Tool Use." In *Tool Use in Animals: Cognition and Ecology*, edited by Crickette M. Sanz, Josep Call and Christophe Boesch, pp. 161–75. Cambridge: Cambridge University Press, 2013.

Brutus hunting behavior: Boesch and Boesch-Achermann, *Chimpanzees of the Taï Forest*, p. 182.

Animal grief: Barbara J. King *How Animals Grieve*. Chicago: University of Chicago Press, 2013.

Phillip, Abby. "Why West Africans Keep Hunting and Eating Bush Meat despite Ebola Concerns." *Washington Post*, August 5, 2014. Account of Cameroon bushmeat market. http://www.washingtonpost.com/news/morning-mix/wp/2014/08/05/why-west-africans-keep-hunting-and-eating-bush-meat-despite-ebola-concerns/

Limbe Wildlife Centre website: http://www.limbewildlife.org/

Enrichment," https://www.youtube.com/watch?v=ZsSIKj5ULp4
VIDEO Big Cat Rescue, "Big Cat Halloween—Tigers Lions vs. Pumpkins," https://www.youtube.com/watch?v=F_lBqWM7LXA
Judy Woods, personal communication (telephone call), July 7, 2015.
Pigs Peace Sanctuary website: http://www.pigspeace.org (see the pages "Betsy," http://www.pigspeace.org/stories/betsy.html, and "Isabelle & Ramona," http://www.pigspeace.org/stories/ramona.html)
Martin, Jessica E., Sarah H. Ison, and Emma M. Baxter. "The Influence of Neonatal Environment on Piglet Play Behavior and Post-Weaning Social and Cognitive Development." *Applied Animal Behaviour Science* 163 (2014): 69–79. Quoted material, p. 76.
"Pig Chase" designers' website: http://www.playingwithpigs.nl/
Dove, Laura. "BBQ: A Southern Cultural Icon." http://xroads.virginia.edu/~ma95/dove/bbq.html
Weiss on barbecue: personal communication.
Mizelle, Brett. *Pig*. London: Reaktion Books, 2011. Quoted material, p. 7.
"The 10 Smartest Animals." NBC News, n.d. http://www.nbcnews.com/id/24628983/ns/technology_and_science-science/t/smartest-animals/#.U-ofIBC5KM0
Review of thinking pigs: Marino and Colvin, "Thinking Pigs."
Pigs in China: "Empire of the Pig." *Economist,* December 20, 2014. http://www.economist.com/news/christmas-specials/21636507-chinas-insatiable-appetite-pork-symbol-countrys-rise-it-also
97 percent US pigs on factory farms: Estabrook, *Pig Tales,* p. 19.
Lymbery, Philip, with Isabel Oakeshott. *Farmageddon: The True Cost of Cheap Meat.* London: Bloomsbury, 2014. Quoted material, p. 183.
National Pork Board. "Quick Facts: The Pork Industry at a Glance." http://porkgateway.org/wp-content/uploads/2015/07/quick-facts-book1.pdf
Feral pigs: Estabrook, *Pig Tales,* p. 46; Mizelle, *Pig,* pp. 179–80.
Squires, Nick. "Italy Fears Growth in Wild Boar Numbers." *Telegraph,* February 5, 2015. http://www.telegraph.co.uk/news/worldnews/europe/italy/11393007/Italy-fears-growth-in-wild-boar-numbers.html
CDC on brucellosis: "Wild Hog Hunting: Stay Healthy on Your Hunt!" http://www.cdc.gov/brucellosis/pdf/brucellosis_and_hoghunters.pdf
Weiss, Brad. 2014. Eating Ursula: ethical connections and an authentic taste for real pork. *Gastronomica* 14, no. 4 (2014): 17–25. Quoted material, pp. 21, 18–19.
Humane Society interview with Esther's owners: "Some Kind of Wonder-Pig." *All Animals,* September–October 2014.
Livestock Conservancy website: http://www.livestockconservancy.org/
Weiss, Brad. *Real Pigs: Shifting Values in the Field of Pastured Pork.* Durham, NC: Duke University Press, 2016.

Cows recognize us: Peter Rybarczyk, et al. "Can Cows Discriminate People by Their Faces?" *Applied Animal Behaviour Science* 74 (2001): 175–89.
Gammell, Caroline. "Cows with Names Produce More Milk, Scientists Say." *Telegraph,* January 28, 2009. http://www.telegraph.co.uk/earth/agriculture/farming/4358115/Cows-with-names-produce-more-milk-scientists-say.html
Gaillard, Charlotte, et al. "Social Housing Improves Dairy Calves' Performance in Two Cognitive Tests." *PLoS One,* February 26, 2014. DOI: 10.1371/journal.pone.0090205. http://www.plosone.org/article/info%3Adoi%2F10.1371%2Fjournal.pone.0090205
Daros, Rolnei R., et al. "Separation from the Dam Causes Negative Judgment Bias in Dairy Calves." *PLoS One,* May 21, 2014. DOI: 10.1371/journal.pone.0098429. http://www.plosone.org/article/info%3Adoi%2F10.1371%2Fjournal.pone.0098429
Proctor, Helen S., and Gemma Carter. "Measuring Positive Emotion in Cows: Do Visible Eye Whites Tell Us Anything?" *Physiology & Behavior* 147 (2015): 1–6. Quoted material, p. 6.
Curious cow videos: King, Barbara. "The Cows Did What?" NPR (blog), May 22, 2014. http://www.npr.org/blogs/13.7/2014/05/22/314871620/the-cows-did-what
Chik-Fil-A Cow Appreciation Day: http://www.chick-fil-a.com/Cows/Appreciation-Day
Carbon footprints re cows: Bittman, "True Cost of a Burger."

第7章　ブタ

Croney's symbol-distinguishing pigs: Estabrook, Barry. 2015. *Pig Tales: An Omnivore's Quest for Sustainable Meat.* New York: W.W. Norton, 2015. Cited material, p. 34.
Broom on pigs smarter than kids: Friedrich, Bruce. "New Slant on Chump Chops." May 17, 2003. http://lists.envirolink.org/pipermail/ar-news/2003/000713.html
Broom's mirror experiment: Marino, Lori, and Christina M. Colvin. "Thinking Pigs: A Comparative Review of Cognition, Emotion, and Personality in *Sus domesticus.*" *International Journal of Comparative Psychology* 28 (2015).
Carl Safina on mirrors: *Beyond Words: What Animals Think and Feel.* New York: Henry Holt, 2015. Quoted material, p. 277.
Esther the Wonder Pig website: http://www.estherthewonderpig.com/
Esther: Metcalfe, Luisa. "The Little Piggy Got Massive: Meet Esther, the 48 Stone 'Micro-Pig'!" *Daily Mail,* January 11, 2015. http://www.dailymail.co.uk/femail/article-2905353/Meet-Esther-48-stone-micro-pig-Ten-times-larger-predicted-giant-porker-size-POLAR-BEAR-forced-owners-buy-bigger-house.html
Esther's intelligence: "Some Kind of Wonder-Pig." *All Animals* magazine (Humane Society of the US), September–October 2014. http://www.humanesociety.org/news/magazines/2014/09-10/some-kind-wonder-pig.html#.U-71_JjAm8M.facebook
Comis, Bob. "Esther the Wonder Pig Is Wondrous Indeed—but So Are All Pigs." *Salon,* May 3, 2015. http://www.salon.com/2015/05/03/esther_the_wonder_pig_is_wondrous_indeed_special_but_so_are_all_pigs/
VIDEO National Zoo, "Apps for Apes: Smithsonian Orangutans using iPads for

第6章　ウシ

Mighty Quinn's restaurant review: Wells, Pete. "Big League BBQ Arrives." *New York Times,* March 5, 2013. http://www.nytimes.com/2013/03/06/dining/reviews/restaurant-review-mighty-quinns-barbeque-in-the-east-village.html?ref=dining&_r=1&

"Zen of Beef Ribs." http://amazingribs.com/recipes/beef/zen_of_beef_ribs.html

16 billion burgers: Bittman, Mark. "The True Cost of a Burger." *New York Times,* July 15, 2014. http://www.nytimes.com/2014/07/16/opinion/the-true-cost-of-a-burger.html?_r=0

Cheese consumption: Laskow, Sarah. "We Eat Three Times as Much Cheese Now as We Did in 1970." *Grist,* September 23, 2013. http://grist.org/list/we-eat-three-times-as-much-cheese-now-as-we-did-in-1970/

Milk consumption: Tuttle, Brad. "Got Milk? Increasingly, the Answer Is No." *Time,* September 7, 2012. http://business.time.com/2012/09/07/got-milk-increasingly-the-answer-is-no/

Ice cream consumption: "The Straight Scoop on Ice Cream." http://www.icecream.com/funfacts/funfacts.asp?b=105

Steak-eating challenges: "Largest Steaks in America." *Wikitravel.* http://wikitravel.org/en/USA_Biggest_Steaks

Fears, Danika. " Mesmerizing! Mom Downs 72-Ounce Steak in under 3 Minutes." *Today,* January 10, 2014. http://www.today.com/food/mesmerizing-mom-downs-72-ounce-steak-under-3-minutes-2D11890243

Ozersky, Josh. "The Problem with the American Steakhouse." *Time,* April 11, 2012. http://ideas.time.com/2012/04/11/the-problem-with-the-american-steakhouse/

Bowman, Angela. "Cows Produce Milk? 40% of British Young Adults Unaware." *Drovers,* June 15, 2012. http://www.dairyherd.com/dairy-resources/retail/Cows-produce-milk-50-of-British-teens-unaware-159200065.html

Van der Veer, Judy. *November Grass.* California Legacy Book, 2001 (original 1940).

Van der Veer, Judy. *A Few Happy Ones.* 1st ed. D. Appleton-Century Company, 1943.

Lorraine Lewandrowski interview: Ziehm, Jessica. "20 Questions with 'NYFarmer.'" New York Animal Agriculture Coalition, May 23, 2014. http://www.nyanimalag.org/20-questions-with-nyfarmer/

The Moo Man film: http://trufflepigfilms.com/the-mooman/

Longleys Farm: "Hook & Son." http://www.hookandson.co.uk/TheFarm/index.html

Lymbery, Philip, with Isabel Oakeshott. *Farmageddon: The True Cost of Cheap Meat.* London: Bloomsburg, 2014. Quoted material, pp. 14, 15.

Pollan, Michael. *The Omnivore's Dilemma: A Natural History of Four Meals.* New York: Penguin, 2006. Quoted material, pp. 68, 71.

Bulls and horses at Lascaux: "Lascaux Cave Paintings—an Introduction." http://www.bradshawfoundation.com/lascaux/

Aurochs: Hannah Velten, *Cow.* London: Reaktion Books, 2007. Quoted material, p. 22.

Harley Farms website: http://harleyfarms.com/

Wilder Ranch State Park website: http://www.parks.ca.gov/?page_id=549

"The Passing of a Prince." Farm Sanctuary (blog). http://blog.farmsanctuary.org/2015/07/rip-prince-goat/

VIDEO "Farewell to Prince Goat, Friend to All at Farm Sanctuary," https://www.youtube.com/watch?v=WWZ9Dhk8R-4

Goat map: USDA Census of Agriculture. "All Goats—Inventory: 2012." http://www.agcensus.usda.gov/Publications/2012/Online_Resources/Ag_Atlas_Maps/Livestock_and_Animals/Livestock,_Poultry_and_Other_Animals/12-M154.php (see other animal maps at http://www.agcensus.usda.gov/Publications/2012/Online_Resources/Ag_Atlas_Maps/Livestock_and_Animals/)

Ingraham, Christopher. "Map: Literally Every Goat in the United States." *Washington Post,* January 12, 2015. http://www.washingtonpost.com/blogs/wonkblog/wp/2015/01/12/map-literally-every-goat-in-the-united-states/

Goat domestication: Zeder, Melinda A., and Brian Hesse. "The Initial Domestication of Goats (*Capra hircus*) in the Zagros Mountains 10,000 Years Ago." *Science* 287 (2000): 2254–57. https://www.researchgate.net/profile/Melinda_Zeder/publication/200033774_The_initial_domestication_of_goats_%28textitCapra_hircus%29_in_the_Zagros_mountains_10000_years_ago/links/54f4dd270cf2eed5d735a55f.pdf

Fruit box: Elodie F. Briefer, Samaah Haque, Luigi Baciadonna, and Alan G. McElligott. "Goats Excel at Learning and Remembering a Highly Novel Cognitive Task." F*rontiers in Zoology* 11 (2014): 20.

Object permanence: Christian Nawroth, Eberhard von Borella, and Jan Langbein. "Object Permanence in the Dwarf Goat (*Capra aegagrus hircus*): Perseveration Errors and the Tracking of Complex Movements of Hidden Objects." *Applied Animal Behavior Science* 167 (2015): 20–26. Quoted material, pp. 25, 24.

"Sally-Anne test." *Wikipedia.* https://en.wikipedia.org/wiki/Sally%E2%80%93Anne_test

Categorization: Meyer, Susann, Gerd Nurnberg, Birger Puppe, and Jan Langbein. "The Cognitive Capabilities of Farm Animals: Categorization Learning in Dwarf Goats (*Capra hircus*)." *Animal Cognition* 15 (2012): 567–76.

Vocal memory: Briefer, Elodie F., Monica Padilla de la Torre, and Alan G. McElligott. "Mother Goats Do Not Forget Their Kids' Calls." *Proceedings of Royal Society B* 279 (2012): 3749–55. Quoted material, p. 3753.

Buttercups Sanctuary for Goats website: http://www.buttercups.org.uk/

Lizzie the goat; boy goats eaten: Kessler, *Goat Song,* pp. 143, 155, 153–54.

Experiment on goat mood: Briefer, Elodie F., and Alan G. McElligott. "Rescued Goats at a Sanctuary Display Positive Mood after Former Neglect." *Applied Animal Behaviour Science* (2013). Quoted material, p. 5.

第5章　ヤギ

Spike in goats as pets: Hofmann, Michelle. “Forget Potbellied Pigs—Raising Goats Is All the Rage.” *Los Angeles Times,* July 25, 2015. http://www.latimes.com/home/la-hm-hobby-goats-20150725-story.html

Callner quote, Goat Simulator: Gummer, Chase, and Sven Grundberg. “The World of Internet Memes Embraces the Year of the Goat.” *Wall Street Journal,* January 15, 2015. http://www.wsj.com/articles/the-world-of-internet-memes-embraces-the-year-of-the-goat-1421277268

VIDEO “2013 Super Bowl XLVII Doritos Goat 4 Sale Commercial,” https://www.youtube.com/watch?v=DoM6IhfY8No

VIDEO “Goats Yelling Like Humans,” http://knowyourmeme.com/videos/59495-animals

Goats in Pliny: *The Natural History of Pliny.* London: George Bell & Sons, 1890. Vol. 2, p. 341. http://books.google.com/books?id=v4BiAAAAMAAJ & pg=PA341

Jesus, Pan, and goats: Brad Kessler, *Goat Song: A Seasonal Life, A Short History of Herding, and the Art of Making Cheese.* New York: Scribner, 2009. pp. 29–30.

Baphomet statue: Jenkins, Nash. “Hundreds Gather for Unveiling of Satanic Statue in Detroit.” *Time,* July 27, 2015. http://time.com/3972713/detroit-satanic-statue-baphomet/

Goats as satanic: Alford, Henry. “How I Learned to Love Goat Meat.” *New York Times,* March 31, 2009. http://www.nytimes.com/2009/04/01/dining/01goat.html?pagewanted=all

Heavy-metal goats: “A Condensed History of Goat Worship through the Ages.” http://www.invisibleoranges.com/2011/11/a-condensed-history-of-goat-worship/

Weinstein, Bruce, and Mark Scarbrough. “Goat Meat, the Final Frontier.” *Washington Post,* April 5, 2011. http://www.washingtonpost.com/lifestyle/food/goat-meat-the-final-frontier/2011/03/28/AF0p2OjC_story.html

Rich, Nathaniel. “Los Angeles: Goat-Stew City, U.S.A.” *New York Times Magazine* October 20, 2013. http://www.nytimes.com/2013/10/20/magazine/los-angeles-goat-stew-city-usa.html?pagewanted=all&_r=0

Goat cheese and Alice Waters: Severson, Kim. “For American Chèvre, an Era Ends.” *New York Times,* October 18, 2006. http://www.nytimes.com/2006/10/18/dining/18chenel.html?pagewanted=all&_r=0

VIDEO “16 Goats in a Tree [in Morocco],” http://youtu.be/oQev3UoGp2M

International Fainting Goat Association website: http://www.faintinggoat.com/

VIDEO National Geographic, “Fainting Goats,” https://www.youtube.com/watch?v=f_3Utmj4RPU

VIDEO *The Men Who Stare at Goats* trailer, http://www.youtube.com/watch?v=TXV8iBfMocU

Goats Music and More Festival website: http://www.goatsmusicandmore.com/

NPR. “Buzkashi.” http://apps.npr.org/buzkashi/

Animal Place. “Mr. G and Jellybean.” http://animalplace.org/?s=jellybean

Harris, Jenn. "First Look: Chocolate Fried Chicken, Bacon Biscuits and More at Chocochicken." *Los Angeles Times,* May 23, 2014. http://www.latimes.com/food/dailydish/la-dd-first-look-chocochicken-chocolate-fried-chicken-20140523-story.html

Live-bird pie: Lee, Paula Young. *Game: A Global History.* London: Reaktion Books, 2013. P. 93.

Ortolan: Wallop, Harry. "Why French Chefs Want Us to Eat This Bird —Head, Bones, Beak and All." *Independent,* September 18, 2014. http://www.telegraph.co.uk/foodanddrink/11102100/Why-French-chefs-want-us-to-eat-this-bird-head-bones-beak-and-all.html

Balut: Goodyear, Dana. *Anything That Moves: Renegade Chefs, Fearless Eaters, and the Making of a New American Food Culture.* New York: Riverhead Books, 2013. Quoted material, p. 186.

UK chickens: "Food Poisoning Bug 'Found in 73% of Shop-Bought Chickens.'" BBC, May 28, 2015. http://www.bbc.com/news/uk-32911228

US chickens: "Dangerous Contaminated Chickens: 97% of the Breasts We Tested ..." *Consumer Reports,* January 2014. http://www.consumerreports.org/cro/magazine/2014/02/the-high-cost-of-cheap-chicken/index.htm

Potts, *Chicken.* Quoted material, pp. 159, 139.

Kristof, Nicholas. "To Kill a Chicken." *New York Times,* March 14, 2015. http://www.nytimes.com/2015/03/15/opinion/sunday/nicholas-kristof-to-kill-a-chicken.html?_r=0

Barber, Dan. *The Third Plate: Field Notes on the Future of Food.* New York: Penguin, 2014. Quoted material, pp. 158, 289.

McWilliams, James. "Why Free-Range Meat Isn't Much Better Than Factory-Farmed." *Atlantic*: http://www.theatlantic.com/health/archive/2010/12/why-free-range-meat-isnt-much-better-than-factory-farmed/67569/

Interview with Alka Chandna: King, Barbara. "Does Being Vegan Really Help Animals." NPR, March 12, 2015. http://www.npr.org/sections/13.7/2015/03/12/392479865/does-being-vegan-really-help-animals

Safran Foer, Jonathan. *Eating Animals.* New York: Back Bay Books, 2009. Quoted material, pp. 66-67.

United Poultry Concerns. "International Respect for Chickens Day." http://www.upc-online.org/respect/

Krishnan, Deepna. "Ugandan Women Entrepreneurs: Chicken Farming as the Next Revolution." *Women's International Perspective,* July 2, 2010. http://thewip.net/2010/07/02/ugandan-women-entrepreneurs-chicken-farming-as-the-next-revolution/

Indigenous vegetables in Kenya: Cernansky, Rachel. "The Rise of Africa's Super Vegetables." *Nature,* June 9, 2015. http://www.nature.com/news/the-rise-of-africa-s-super-vegetables-1.17712

Nicol, Christine J., and Stuart J. Pope. "The Maternal Feeding Display of Domestic Hens Is Sensitive to Perceived Chick Error." *Animal Behaviour* 52 (1996): 767–74.

Edgar, J. L., E. S. Paul, and C. J. Nicol. "Protective Mother Hens: Cognitive Influences on the Avian Maternal Response." *Animal Behaviour* 86 (2013): 223–29. Quoted material, p. 228.

Mary and Notorious Boy, Violet and Chickweed: Hatkoff, Amy. *The Inner World of Farm Animals*. New York: Stewart, Tabori & Chang, 2009. Pp. 26, 31.

Chase, Ellen. "What a Blind Chicken Can Teach Us about Humanity." *New York Times*, November 8, 2013: http://kristof.blogs.nytimes.com/2013/11/08/what-a-blind-chicken-can-teach-us-about-humanity/?_r=0

Potts, *Chicken*, p. 48.

King, Barbara J. *How Animals Grieve*. Chicago: University of Chicago Press, 2013.

Mike the Headless Chicken website: http://www.miketheheadlesschicken.org

VIDEO "Mike the Headless Chicken," https://www.youtube.com/watch ?v=LqDjRCHyjTY

Rogers, Lesley J., Paolo Zucca, and Giorgio Vallortigara. "Advantages of Having a Lateralized Brain." *Proceedings of the Royal Society of London B* (*Suppl.*) 271 (2004): S420–22.

Rogers, Lesley J. "Development and Function of Lateralization in the Avian Brain." *Brain Research Bulletin* 76 (2008): 235–44.

Avian Brain Nomenclature Consortium. "Avian Brains and a New Understanding of Vertebrate Brain Evolution." *Nature Reviews Neuroscience* 6 (2005): 151–59. http://www.ncbi.nlm.nih.gov/pmc/articles/PMC2507884/

US chicken consumption: Spiegel, Alison. "Chicken More Popular Than Beef in U.S. for First Time in 100 Years." *Huffington Post*, January 2, 2014. http://www.huffingtonpost.com/2014/01/02/chicken-vs-beef_n_4525366.html

"Julia Child's Kitchen at the Smithsonian." http://amhistory.si.edu/juliachild/flash_home.asp

Julia Child's tonalities: Jacobs, Laura. "Our Lady of the Kitchen." *Vanity Fair*, August 2009. Quoted material, p. 131. http://www.vanityfair.com/culture/2009/08/julia-child200908

VIDEO "Julia Child, *The French Chef*—To Roast a Chicken," https://www.youtube.com/watch?v=fRZxaUuFA1Y

Diana Henry's chicken cookbook reviewed: Rosenstrach, Jenny. "Cooking." *New York Times Book Review*, May 31, 2005, p. 24. http://www.nytimes.com/2015/05/31/books/review/cooking.html

Nonboring recipe: Tranell, Kim. "An Easy Chicken Recipe That Won't Bore You to Death." *Men's Fitness*. http://www.mensfitness.com/nutrition/what-to-eat/an-easy-chicken-recipe-that-wont-bore-you-to-death

"Americans to Eat 1.25 Billion Chicken Wings for Super Bowl." National Chicken Council, January 22, 2015. http://www.nationalchickencouncil.org/americans-eat-1-25-billion-chicken-wings-super-bowl-2/

A Correlational Study of Exploratory Behavior and Social Tendency." *Journal of Comparative Psychology* 111, no. 4 (1997): 399–411.
Rainbow fish personality: Brown, Culum, and Anne-Laurence Bibost. "Laterality Is Linked to Personality in the Black-Lined Rainbowfish, *Melanotaenia nigrans*." *Behavioral Ecology and Sociobiology* 68 (2014): 999–1005.
Balcombe, Jonathan. 2016. *What a Fish Knows: The Inner Lives of Our Underwater Cousins*. Scientific American/Farrar, Straus and Giroux.
VIDEO "Man Playing with Fish," http://www.dailymotion.com/video/x2eibc9_man-playing-with-fish_animals
Burghardt, Gordon. "Play in Fishes, Frogs, and Reptiles." *Current Biology* 25, no. 1 (2015): R9–R10.
Lymbery, *Farmageddon*. Quoted material, p. 86.
Key, Brian. "Why Fish Do Not Feel Pain." *Animal Sentience* 2016. 003. http://animalstudiesrepository.org/cgi/viewcontent.cgi?article=1011&context=animsent. Responses from Jonathan Balcombe ("Cognitive Evidence of Fish Sentience," http://animalstudiesrepository.org/cgi/viewcontent.cgi?article=1059&context=animsent), Culum Brown ("Comparative Evolutionary Approach to Pain Perception in Fishes," http://animalstudiesrepository.org/cgi/viewcontent.cgi?article=1029&context=animsent), Gordon Burghardt ("Mediating Claims through Critical Anthropomorphism," http://animalstudiesrepository.org/cgi/viewcontent.cgi?article=1063&context=animsent), and Jennifer Mather ("An Invertebrate Perspective on Pain," http://animalstudiesrepository.org/cgi/viewcontent.cgi?article=1046&context=animsent)
Almadraba tuna fishing: Minder, Raphael. "Spanish Tuna Fishing Melds to Japan's Taste, Reshaping a 3,000-Year-Old Technique." *New York Times,* June 6, 2015. http://www.nytimes.com/2015/06/07/world/europe/spanish-tuna-fishing-melds-to-japans-taste-endangering-a-3000-year-old-technique.html
Greenberg, Paul. "Three Simple Rules for Eating Seafood." *New York Times,* June 13, 2015. http://www.nytimes.com/2015/06/14/opinion/three-simple-rules-for-eating-seafood.html?_r=0
Safina Center. "Sustainable Seafood Program." http://safinacenter.org/programs/sustainable-seafood-program/

第4章　ニワトリ

VIDEO "Mr. Joy, Therapy Chicken, Visits the Nursing Home," https://www.youtube.com/watch?v=qZ3T_El63mY
"My Life as a Turkey." *Nature* (PBS series), 2011. http://www.pbs.org/wnet/nature/my-life-as-a-turkey-full-episode/7378/
Potts, Annie. *Chicken*. London: Reaktion Books, 2012.
"Avian Flu Confirmed in Nebraska." *New York Times,* May 12, 2015. http://www.nytimes.com/2015/05/13/business/avian-flu-virus-confirmed-in-nebraska.html?_r=0

Mercury Based on Water Column Measurements." *Nature* 512 (2014): 65-68, 2914.
Mercury in fish: George Mateljan Foundation. "Should I Be Concerned about Mercury in Fish and What Fish Are Safe to Eat?" http://www.whfoods.com/genpage.php?tname=george&dbid=103
Florida Bay fish warning: Frommer's. "Everglades National Park: Planning a Trip." Subhead: "Would You Like Some More Mercury with Your Bass?" http://www.frommers.com/destinations/everglades-national-park/656967
Norway salmon production: Lien, Marianne Elisabeth. *Becoming Salmon: Aquaculture and the Domestication of a Fish.* Berkeley: University of California Press, 2015.
California salmon: Richtel, Matt. "To Save Its Salmon, California Calls in the Fish Matchmaker." *New York Times,* January 15, 2016. http://www.nytimes.com/2016/01/19/science/new-tactics-to-save-californias-decimated-salmon-population.html
Salmon migration distance: National Oceanic and Atmospheric Administration. http://www.nefsc.noaa.gov/faq/fishfaq2d.html
Coates, Peter. *Salmon.* London: Reaktion Books, 2006.
World Wildlife Fund. "Farmed Salmon: Overview." http://www.worldwildlife.org/industries/farmed-salmon
Lymbery, Philip, with Isabel Oakeshott. *Farmageddon: The True Cost of Cheap Meat.* London: Bloomsbury, 2014. Quoted material, p. 84.
Shubin, Neil. *Your Inner Fish: A Journey into the 3.5-Billion-Year History of the Human Body.* New York: Pantheon, 2008.
Review of *Your Inner Fish*: King, Barbara. "The Missing Link." *Washington Post,* February 17, 2008. http://www.washingtonpost.com/wp-dyn/content/article/2008/02/14/AR2008021403111.html
Shouting minnows: Holt, Daniel E., and Carol E. Johnston. "Evidence of the Lombard Effect in Fish." *Behavioral Ecology* (2014). http://beheco.oxfordjournals.org/content/early/2014/04/10/beheco.aru028.abstract?sid=85240ac5-ff60-448f-8bb5-57cb37997dc0
Antarctic fish: Fox, Douglas. "Discovery: Fish Live beneath Antarctica." *Scientific American,* January 21, 2015. http://www.scientificamerican.com/article/discovery-fish-live-beneath-antarctica/
Godin, J.-G. J. "Fish Social Learning." In *Encyclopedia of Animal Behavior,* edited by M. D. Breed and J. Moore, 1: 725–29. Oxford: Academic Press, 2010. Quoted material, p. 726.
VIDEO "Orcas Cooperate to Catch Fish," http://www.animalplanet.com/tv-shows/animal-planet-presents/videos/the-ultimate-guide-to-dolphins-orcas-cooperate-to-catch-fish/
VIDEO "Sardine Tanks at Monterey Bay Aquarium," https://www.youtube.com/watch?v=cwDREqFJwPc
Fish schooling: Marras, Stefano, et al. "Fish Swimming in Schools Save Energy Regardless of Their Spatial Position." *Behavioral Ecology and Sociobology* 69 (2015): 219–26.
Guppy personality: Budaev, Sergey V. "'Personality' in the Guppy (*Poecilia reticulata*):

Montgomery, Sy. *The Soul of an Octopus: A Surprising Exploration into the Wonder of Consciousness*. New York: Simon and Schuster, 2015. Quoted material, pp. 241, 55–56, 114, 166, 221.
My review of Montgomery's book: King, Barbara. "The Watery World of Cephalopod Intelligence." *Times Literary Supplement,* June 17, 2015. http://www.staging-the-tls.co.uk/tls/public/article1569549.ece
VIDEO "Red Wings Fans Throw Octopus onto Ice, Get Thrown in Jail." *Huffington Post,* May 25, 2011. http://www.huffingtonpost.com/2010/04/26/red-wings-fans-throw-octo_n_552035.html
"Detroit Red Wings: Legend of the Octopus." http://redwings.nhl.com/club/page.htm?id=43781
Farmed octopus: Jensen, Chelsea. "Kanaloa Octopus Farm Looking to Rear Cephalopods Sustainably." *Hawaii Tribune-Herald,* December 29, 2015. http://hawaiitribune-herald.com/news/local-news/kanaloa-octopus-farm-looking-rear-cephalopods-sustainably

第3章　魚

Vail, Alexander L., Andrea Manica, and Bshary Redouan. "Referential Gestures in Fish Collaborative Hunting." *Nature Communications,* April 23, 2013.
Brown, Culum. "Fish Intelligence, Sentience and Ethics." *Animal Cognition* online, June 19, 2014.
Bshary, Redouan, and Manuela Würth. "Cleaner Fish *Labroides dimidiatus* Manipulate Client Reef Fish by Providing Tactile Stimulation." *Proceedings of the Royal London Society B* 268 (2001): 1495–1501. Quoted material, p. 1495.
Bernardi, Giacomo. "The Use of Tools by Wrasses (Labridae)." *Coral Reef* 31 (2012): 39.
VIDEO "The Use of Tools by Wrasses Labridae," https://www.youtube.com/watch?v=awHj5EiiXIg
Bernardi interview: Stephens, Tim. "Video Shows Tool Use by a Fish." *University of California Santa Cruz Newscenter*. http://news.ucsc.edu/2011/09/fish-tool-use.html
Bernardi quotes: personal communication (email), January 21, 2015.
World Wildlife Fund. "Humpback Wrasse." http://wwf.panda.org/what_we_do/endangered_species/humphead_wrasse/
VIDEO "Wally the Humphead Maori Wrasse," https://www.youtube.com/watch?v=sGNNBE659Ps
Diving and spearfishing discussion thread: "Eating Wrasse." *Deeper Blue*. https://forums.deeperblue.com/threads/eating-wrasse.101276/
World Bank report: *Fish to 2030: Prospects for Fisheries and Aquaculture*. World Bank Report no. 83177-GLB, December 2013. http://www-wds.worldbank.org/external/default/WDSContentServer/WDSP/IB/2014/01/31/000461832_20140131135525/Rendered/PDF/831770WP0P11260ES003000Fish0to02030.pdf
Mercury levels: Carl H. Lamborg, et al. "A Global Ocean Inventory of Anthropogenic

Octopus in Greece: "Just Hangin' Around 'Til Dinnertime." *My Greece Travel Blog*. http://mygreecetravelblog.com/2011/09/24/just-hanging-around-til-dinnertime/

Octopus Garden store: Wharton, Rachel. "Octopus Garden Prepares for Feast of Seven Fishes." *New York Times,* December 22, 2013. http://www.nytimes.com/2013/12/22/nyregion/octopus-garden-prepares-for-feast-of-seven-fishes.html

Mather, Jennifer A., Roland C. Anderson, and James B. Wood. *Octopus: The Ocean's Intelligent Vertebrate*. Portland, OR: Timber Press, 2010.

VIDEO Octopus squeezing through small opening: National Geographic. "Octopus Escape." http://www.youtube.com/watch?v=SCAIedFgdY0

"How Smart Is an Octopus?" *NOVA scienceNOW*. Roger Hanlon's camouflage video starts at around 3:50; cuttlefish experiment follows. http://video.pbs.org/video/1778564635/

Olive the octopus: Mather, Anderson, and Wood, *Octopus,* p. 33.

Gloomy octopus social signaling: Scheel, David, Peter Godfrey-Smith, and Matthew Lawrence. "Signal Use by Octopuses in Agonistic Interactions." *Current Biology* 26 (2016): 377–82. Quoted material, p. 377.

Octopus mating surprise: King, Barbara. "Attempting Sex, an Octopus Gets a Surprise." NPR (blog), November 16, 2014. Includes Huffard's video clip. http://www.npr.org/blogs/13.7/2014/11/16/364509158/attempting-sex-an-octopus-gets-a-surprise

Octopus cannibalism: Courage, Katherine Harmon. "First Common Octopus Cannibalism Filmed in the Wild." *Scientific American* blog, September 30, 2014. http://blogs.scientificamerican.com/octopus-chronicles/2014/09/30/first-common-octopus-cannibalism-filmed-in-the-wild/

Planning by rock-carrying octopus: Mather, Anderson, and Wood, *Octopus,* p. 124.

Truman: Montgomery, Sy. "Deep Intellect: Inside the Mind of the Octopus." *Orion Magazine,* November/December 2011.

Fiorito, Graziano, and Pietro Scotto. 1992. "Observational Learning in *Octopus vulgaris*." *Science* 256 (1992): 545–47.

Seattle octopuses, octopus personality: Mather, Anderson, and Wood, *Octopus,* p. 113.

Blaszczak-Boxe, Agata. "How to Anesthetize an Octopus." *Science,* November 14, 2014. http://news.sciencemag.org/plants-animals/2014/11/video-how-anesthetize-octopus

Cambridge Declaration on Consciousness. http://fcmconference.org/img/CambridgeDeclarationOnConsciousness.pdf

Alupay, Jean S., Stavros P. Hadjisolomou, and Robyn J. Crook. "Arm Injury Produces Long-Term Behavioral and Neural Hypersensitivity in Octopus." *Neuroscience Letters* 558 (2014): 137–42. Quoted material, pp. 138, 139.

Boal and Beigel impoverished versus enriched experiment: Courage, *Octopus!,* pp. 125–26.

Virginia Aquarium: King, Barbara. "Viewing Octopus Choreography in Captivity." NPR (blog), May 28, 2015. http://www.npr.org/sections/13.7/2015/05/28/410209112/viewing-octopus-choreography-in-captivity ders." *Discover Magazine,* February 2004. http://discovermagazine.com/2004/feb/stalking-spiders

Riechert, Susan E., and Thomas C. Jones. "Phenotypic Variation in the Social Behavior of the Spider *Anelosimus studiosus* along a Latitudinal Gradient." *Animal Behaviour* 75 (2008): 1893–1902. Quoted material, p. 1898.

AAAS on Pruitt research on spider temperament: Maxmen, Amy. "For Spiders, It's Cruel to Be Kind," *Science Now,* May 9, 2013. http://news.sciencemag.org/plants-animals/2013/05/spiders-its-cruel-be-kind

Eating tarantula in Cambodia: Martin, *Edible,* p. 154.

Jandt, Jennifer J., Sarah Bengston, Noa Pinter-Wollman, Jonathan N. Pruitt, Nigel E. Raine, Anna Dornhaus, and Andrew Sih. "Behavioural Syndromes and Social Insects: Personality at Multiple Levels." *Biological Reviews* 89, no. 1 (2014): 48–67. http://www.ncbi.nlm.nih.gov/pubmed/23672739

Interview with Robert Nathan Allen: King, Barbara J. "The Joys and Ethics of Insect Eating." NPR (blog), April 3, 2014. http://www.npr.org/blogs/13.7/2014/04/03/297853835/the-joys-and-ethics-of-insect-eating

Deroy, Ophelia. "Eat Insects for Fun, Not to Help the Environment." *Nature* 521 (2014): 395.

Berry, Wendell. "In Distrust of Movements." *Orion,* Autumn 2001.

Sacks, Oliver. "The Mental Life of Plants and Worms, Among Others." *New York Review of Books,* April 24, 2014. http://www.nybooks.com/articles/archives/2014/apr/24/mental-life-plants-and-worms-among-others

Stone, Glen, and Jon Doyle. *The Awareness.* 2014. New York: Stone Press. Quoted material, p. 149.

第2章　タコ

Finn, J. K., T. Tregenza, and M. D. Norman. "Defensive Tool Use in a Coconut-Carrying Octopus." *Current Biology* 19, no. 23 (2009): R1069–70.

VIDEO Museum Victoria, "Coconut-Carrying Octopus." https://www.youtube.com/watch?v=1DoWdHOtlrk

VIDEO National Geographic, "Eating Live Octopus." http://video.nationalgeographic.com/video/skorea-liveoctopus-pp

Johnstone, Michael. "Sannakji: Is Eating Live Octopus Cruel." *Asian Persuasion* (blog), May 22, 2012. http://theasianpersuasion.org/articles-about-korea/korean-food/sannakji

Courage, Katherine Harmon. *Octopus! The Most Mysterious Creature in the Sea.* New York: Current Books, 2013. Quoted material, pp. 118, 150, 151.

"Don't shy away from the eyes": "How to Eat Octopus." *eHow.* http://www.ehow.com/how_2121658_eat-octopus.html

VIDEO "Luiz Antonio—Why He Doesn't Want to Eat Octopus." https://www.youtube.com/watch?v=SrU03da2arE

North Carolina bug survey: Brill, Nancy L. "The Bugs in Our Homes." *New York Times,* March 20, 2014.
Raubenheimer, David, and Jessica M. Rothman. "Nutritional Ecology of Entomophagy in Humans and Other Primates." *Annual Review of Entomology* 58 (2013): 141-60. Quoted material, pp. 143, 147
VIDEO Bug Nomster, "Eating Giant Water Bugs." http://www.youtube.com/watch?v=xCTiNSXmLXQ
Entomophagy Wiki. http://entomophagy.wikia.com/wiki/Entomophagy_Wiki
Quenioux and *escamoles*: Goodyear, *Anything that Moves,* p. 66
Quenioux and *escamoles*: Snyder, Garrett. "Laurent Quenioux Pops Up at Good Girl Dinette with Escamoles." *LA Weekly,* April 27, 2012. http://www.laweekly.com/squidink/2012/04/27/laurent-quenioux-pops-up-at-good-girl-dinette-with-escamoles
FAO report: van Huis, Arnold, Joost Van Itterbeeck, et al. *Edible Insects: Future Prospects for Food and Feed Security.* FAO Forestry Paper 171. United Nations Food and Agriculture Organization, 2013. http://www.fao.org/docrep/018/i3253e/i3253e.pdf
Boesch on the chimpanzee Besar: Robbins, Martha M., and Christophe Boesch, eds. *Among African Apes.* Berkeley: University of California Press, 2011.
Yasmin Cardozo on insects as toys: Shipman, Matt. "This Is What Science Looks Like at NC State: Yasmin Cardoza," May 12, 2014. https://news.ncsu.edu/2014/05/science-looks-like-yasmin-cardoza/
Paper wasps' face recognition: Tibbetts, Elizabeth A., and Adrian G. Dyer. "Good with Faces." *Scientific American* 309, no. 6 (December 2013).
Fruit fly decision-making: DasGupta, Shamik, Clara Howcroft Ferreira, and Gero Miesenböck. "FoxP Influences the Speed and Accuracy of a Perceptual Decision in Drosophila." *Science* 344, no. 6186 (May 2014: 901-4. http://www.sciencemag.org/content/344/6186/901
BBC article on fruit fly research: Jonathan Webb, "Flies Pause While 200 Neurons Help with Tough Decisions." http://www.bbc.com/news/science-environment-27518484
Honeybee waggle dance and learning in insects: Dukas, Reuven. "Evolutionary Biology of Insect Learning." *Annual Review of Entomology* 53 (2008): 145-60.
BBC article on crickets: Bardo, Matt. "Young Cricket Characters Shaped by 'Song.'" http://www.bbc.co.uk/nature/19248230
DiRienzo, Nicholas, Jonathan N. Pruitt, and Ann V. Hedrick. "Juvenile Exposure to Acoustic Sexual Signals from Conspecifics Alters Growth Trajectory and an adult Personality Trait." *Animal Behaviour* 84 (2012): 861-68. On crickets.
Martin, Daniella. *Edible: An Adventure into the World of Eating Insects and the Last Great Hope to Save the Planet.* Boston: New Harvest, 2014. Pp. 220 (tarantulas), 206 (crickets).
Limits of tarantula cognition: Marshall, Samuel D. "Home Is Where the Hole Is." *Forum* (American Tarantula Society) 6, no. 1 (1997). http://atshq.org/articles/homehole.html
Interview with Samuel D. Marshall: Balog, James, and Sy Montgomery. "Stalking Spi-

参考文献と映像資料

出典は本文で言及されている順に大まかにリスト化した。

序

Safina, Carl. *Beyond Words: What Animals Think and Feel.* New York: Henry Holt, 2015. Epigraph, p. 29; quoted definitions, p. 21 (except definition of emotion, which came via personal communication with Safina, August 16, 2015).

Herzog, Hal. *Some We Love, Some We Hate, Some We Eat: Why It's So Hard to Think Straight about Animals.* New York: Harper, 2010. Quoted material, p. 265.

Pollan, Michael. *The Omnivore's Dilemma: A Natural History of Four Meals.* New York: Penguin, 2006. Quoted material, p. 10.

United Nations Environmental Program. 2010. *Assessing the Environmental Impacts of Consumption and Production: Priority Products and Materials.* A Report of the Working Group on the Environmental Impacts of Products and Materials to the International Panel for Sustainable Resource Management (E. Hertwich, E. van der Voet, S. Suh A. Tukker, M. Huijbregts, P. Kazmierczyk, M. Lenzen, J. McNeely, Y. Moriguchi). http://www.greeningtheblue.org/sites/default/files/Assessing%20the%20environmental%20impacts%20of%20consumption%20and%20production.pdf

US dietary guidelines: O'Connor, Anahad. "Nutrition Panel Calls for Less Sugar and Eases Cholesterol and Fat Restrictions." *New York Times,* February 19, 2015. http://well.blogs.nytimes.com/2015/02/19/nutrition-panel-calls-for-less-sugar-and-eases-cholesterol-and-fat-restrictions/

Pollan's recommendation "Eat food. Not too much. Mostly plants," in "Unhappy Meals." *New York Times Magazine,* January 28, 2007. http://www.nytimes.com/2007/01/28/magazine/28nutritionism.t.html

Morell, Virgina. *Animal Wise: The Thoughts and Emotions of Our Fellow Creatures.* New York: Crown Publishing, 2013.

第1章　昆虫とクモ

Jardin, Xeni. "This Ohio Cricket Farm Is First in US to Raise 'Chirps' for Human Consumption." http://boingboing.net/2014/05/23/this-ohio-cricket-farm-is-firs.html

FDA statistics: Goodyear, Dana. *Anything That Moves: Renegade Chefs, Fearless Eaters, and the Making of a New American Food Culture.* New York: Riverhead, 2013. Pp. 59–60.

著者

バーバラ・J・キング
Barbara J. King

ウィリアム・アンド・メアリー大学名誉教授。専門は自然人類学。アフリカ、アメリカの各地でサルや大型類人猿を研究。人間と動物を結ぶ情緒的関係についての研究は従来の考察を深めたとして高い評価を得ている。発表した作品は、ザ・ベスト・アメリカン・サイエンス・アンド・ネイチャー・ライティングなどさまざまなメディアで紹介されている。主著に『死を悼む動物たち』（草思社）。

翻訳者

須部宗生
Muneo Sube

静岡産業大学名誉教授。上智大学外国語学部英語学科卒業。明治大学大学院文学研究科英文学専攻修士課程修了。高等学校教員、静岡学園短期大学英語コミュニケーション学科助教授、静岡産業大学経営学部教授などを経て、2019 年より現職。専門は言語学、辞書学、日英表現比較、小学校英語教育、音象徴。著書（分担執筆）に『新編英和活用大辞典』（研究社）、『和英大辞典』（同）、翻訳書に『道具を使うカラスの物語　生物界随一の頭脳をもつ鳥 カレドニアガラス』（緑書房）。

私たちが食べる動物の命と心

2020年3月1日　第1刷発行©

著　者……バーバラ・J・キング
翻訳者……須部宗生
発行者……森田　猛
発行所……株式会社 緑書房

〒103-0004
東京都中央区東日本橋3丁目4番14号
TEL　03-6833-0560
http://www.pet-honpo.com

日本語版編集……池田俊之、菊川愛美
カバーデザイン……メルシング
印刷所……真興社

ISBN 978-4-89531-418-3　Printed in Japan
落丁、乱丁本は弊社送料負担にてお取り替えいたします。